U0263172

高新技术科普丛书（第2辑）　　　　主编　冯　广　翟　兵

"云"算网传两交辉

——云计算技术及其应用

广东省出版集团
广东科技出版社
·广州·

图书在版编目（CIP）数据

"云"算网传两交辉：云计算技术及其应用／冯广，翟兵主编.—广州：广东科技出版社，2013.10（2018.10重印）.（高新技术科普丛书. 第2辑）

ISBN 978-7-5359-6319-2

Ⅰ.①云… Ⅱ.①冯…②翟… Ⅲ.①计算机网络—普及读物 Ⅳ.① TP393-49

中国版本图书馆CIP数据核字（2013）第220198号

责任编辑：袁 杰 刘锦业
美术总监：林少娟
版式设计：黄海波（阳光设计工作室）
责任校对：梁小帆
责任印制：彭海波

"云"算网传两交辉
——云计算技术及其应用

"Yun" suan Wangchuan Liangjiaohui
——Yunjisuan Jishu Jiqi Yingyong

出版发行：广东科技出版社
　　　　　（广州市环市东路水荫路11号　邮政编码：510075）
http://www.gdstp.com.cn
E-mail: gdkjyxb@gdstp.com.cn（营销中心）
E-mail: gdkjzbb@gdstp.com.cn（总编办）
经　　销：广东新华发行集团股份有限公司
印　　刷：广州一龙印刷有限公司
　　　　　（广州市增城区荔新九路43号1幢自编101房　邮政编码:511340）
规　　格：889mm×1 194mm　1/32　印张5　字数120千
版　　次：2013年10月第1版
　　　　　2018年10月第2次印刷
定　　价：29.80元

如发现因印装质量问题影响阅读，请与承印厂联系调换。

《高新技术科普丛书》（第 2 辑）编委会

顾　　问：王　东　　钟南山　　张景中

主　　任：马　曙　　周兆炎

副主任：吴奇泽　　冼炽彬

编　　委：汤少明　　刘板盛　　王甲东　　区益善　　吴伯衡
　　　　　朱延彬　　陈继跃　　李振坤　　姚国成　　许家强
　　　　　区穗陶　　翟　兵　　潘敏强　　汪华侨　　张振弘
　　　　　黄颖黔　　陈典松　　李向阳　　陈发传　　胡清泉
　　　　　林晓燕　　冯　广　　胡建国　　贾槟蔓　　邓院昌
　　　　　姜　胜　　任　山　　王永华　　顾为望

本套丛书由广州市科技和信息化局、广州市科技进步基金会资助创作和出版

序一

　　精彩绝伦的广州亚运会开幕式，流光溢彩、美轮美奂的广州灯光夜景，令广州一夜成名，也充分展示了广州在高新技术发展中取得的成就。这种高新科技与艺术的完美结合，在受到世界各国传媒和亚运会来宾的热烈赞扬的同时，也使广州人民倍感自豪，并唤起了公众科技创新的意识和对科技创新的关注。

　　广州，这座南中国最具活力的现代化城市，诞生了中国第一家免费电子邮局；拥有全国城市中位列第一的网民数量；广州的装备制造、生物医药、电子信息等高新技术产业发展迅猛，将这些高新技术知识普及给公众，以提高公众的科学素养，具有现实和深远的意义，也是我们科学工作者责无旁贷的历史使命。为此，广州市科技和信息化局与广州市科技进步基金会资助推出《高新技术科普丛书》。这又是广州一件有重大意义的科普盛事，这将为人们提供打开科学大门、了解高新技术的"金钥匙"。

　　丛书内容包括生物医学、电子信息以及新能源、新材料等板块，有《量体裁药不是梦——从基因到个体化用药》《网事真不如烟——互联网的现在与未来》《上天入地觅"新能"——新能源和可再生能源》《探"显"之旅——近代平板显示技术》《七彩霓裳新光源——LED与现代生活》以及关于干细胞、生物导弹、分子诊断、基因药物、软件、物联网、数字家庭、新材料、电动汽车等多方面的图书。以后还要按照高新技术的新发展，继续编创出版新的高新技术科普图书。

我长期从事医学科研和临床医学工作，深深了解生物医学对于今后医学发展的划时代意义，深知医学是与人文科学联系最密切的一门学科。因此，在宣传高新科技知识的同时，要注意与人文思想相结合。传播科学知识，不能视为单纯的自然科学，必须融汇人文科学的知识。这些科普图书正是秉持这样的理念，把人文科学融汇于全书的字里行间，让读者爱不释手。

丛书采用了吸收新闻元素、流行元素并予以创新的写法，充分体现了海纳百川、兼收并蓄的岭南文化特色。并按照当今"读图时代"的理念，加插了大量故事化、生活化的生动活泼的插图，把复杂的科技原理变成浅显易懂的图解，使整套丛书集科学性、通俗性、趣味性、艺术性于一体，美不胜收。

我一向认为，科技知识深奥广博，又与千家万户息息相关。因此科普工作与科研工作一样重要，唯有用科研的精神和态度来对待科普创作，才有可能出精品。用准确生动、深入浅出的形式，把深奥的科技知识和精邃的科学方法向大众传播，使大众读得懂、喜欢读，并有所感悟，这是我本人多年来一直最想做的事情之一。

我欣喜地看到，广东省科普作家协会的专家们与来自广州地区研发单位的作者们一道，在这方面成功地开创了一条科普创作新路。我衷心祝愿广州市的科普工作和科普创作不断取得更大的成就！

中国工程院院士 钟南山

让高新科学技术星火燎原

21世纪第二个十年伊始，广州就迎来喜事连连。广州亚运会成功举办，这是亚洲体育界的盛事；《高新技术科普丛书》面世，这是广州科普界的喜事。

改革开放30多年来，广州在经济、科技、文化等各方面都取得了惊人的飞跃发展，城市面貌也变得越来越美。手机、电脑、互联网、液晶电视大屏幕、风光互补路灯等高新技术产品遍布广州，让广大人民群众的生活变得越来越美好，学习和工作越来越方便；同时，也激发了人们，特别是青少年对科学的向往和对高新技术的好奇心。所有这些都使广州形成了关注科技进步的社会氛围。

然而，如果仅限于以上对高新技术产品的感性认识，那还是远远不够的。广州要在21世纪继续保持和发挥全国领先的作用，最重要的是要培养出在科学领域敢于突破、敢于独创的领军人才，以及在高新技术研究开发领域勇于创新的尖端人才。

那么，怎样才能培养出拔尖的优秀人才呢？我想，著名科学家爱因斯坦在他的"自传"里写的一段话就很有启发意义："在12～16岁的时候，我熟悉了基础数学，包括微积分原理。这时，我幸运地接触到一些书，它们在逻辑严密性方面并不太严格，但是能够简单明了地突出基本思想。"他还明确地点出了其中的一本书：

"我还幸运地从一部卓越的通俗读物（伯恩斯坦的《自然科学通俗读本》）中知道了整个自然领域里的主要成果和方法，这部著作几乎完全局限于定性的叙述，这是一部我聚精会神地阅读了的著作。"——实际上，除了爱因斯坦以外，有许多著名科学家（以至社会科学家、文学家等），也都曾满怀感激地回忆过令他们的人生轨迹指向杰出和伟大的科普图书。

由此可见，广州市科技和信息化局与广州市科技进步基金会，联袂组织奋斗在科研与开发一线的科技人员创作本专业的科普图书，并邀请广东科普作家指导创作，这对广州今后的科技创新和人才培养，是一件具有深远战略意义的大事。

这套丛书的内容涵盖电子信息、新能源、新材料以及生物医学等领域，这些学科及其产业，都是近年来广州重点发展并取得较大成就的高新科技亮点。因此这套丛书不仅将普及科学知识，宣传广州高新技术研究和开发的成就，同时也将激励科技人员去抢占更高的科技制高点，为广州今后的科技、经济、社会全面发展作出更大贡献，并进一步推动广州的科技普及和科普创作事业发展，在全社会营造出有利于科技创新的良好氛围，促进优秀科技人才的茁壮成长，为广州在 21 世纪再创高科技辉煌打下坚实的基础！

中国科学院院士　张景中

前言

　　有人说，云计算是继互联网之后信息技术领域的又一场革命，其影响之深远甚至超过互联网；又有人说，云计算只是一种商业模式，甚至没有自己的核心技术；还有人说，云计算是人云亦云，是被吹起来的泡泡。更多的人则是心里打鼓：云计算是何方神圣，它从哪里来，又将到哪里去？它有什么真本事，能给人类带来什么？人们把宝押在"云端"上有没有风险？等等。

　　本书试图从科普的角度回答上述问题，给读者呈现一个科学真实而又有趣的云计算。

　　全书共六部分。第一部分风起云涌，介绍云计算的兴起、成长和特征，云计算的国内外发展概况，其中特别介绍了广州关于发展云计算的"天云计划"；第二部分云端奥秘，介绍支撑云计算的主要关键技术，以及这些技术的主要内容和目前已取得的进展；第三部分云彩多姿，介绍云计算的类型及其应用场合；第四部分云端风险，介绍云计算的安全隐患及防范对策；第五部分耕云播雨，介绍云计算的商业模式、应用案例以及影响彩云化雨的主要因素；第六部分彩云追月，从技术及应用两个层面介绍云计算今后的发展趋势。

　　本书力求：在表述方式上，尽量做到深入浅出、形象生动、通俗易懂，以故事、事件、案例为切入点，通过"说事"来"讲理"，避免干巴巴的说教；在内容选择上，尽量反映云计算的本来面貌，贴近云计算的现实，跟上云计算的步伐。

本书还开设了"延伸阅读""小知识"和"小档案"栏目，它们是正文的补充，对一些专业性较强的概念、术语或成果作针对性说明，以帮助读者进一步理解正文的内容。

云计算还很年轻，正在成长时期。本书交出的答卷能否合格，期待读者评判。

CONTENTS
目录

一 风起云涌——云计算的兴起与成长

二 云端奥秘——云计算关键技术话你知

三 云彩多姿——云计算的类型

 四 云端风险——云计算面临的安全考验及对策

五 耕云播雨——云计算的商业模式及应用案例

六 彩云追月——云计算的发展趋势

一　风起云涌
——云计算的兴起与成长

你知道吗？云计算在一间破旧车库里孕育，最早迎接她的是两位在校大学生；你知道吗？云计算就在我们身边，许多故事她都参与扮演；你知道吗？"天云计划"将使云计算在广州这片热土生根发芽，开花结果。

2013年4月15日下午，在美国举行的第117届波士顿马拉松大赛现场突然发生两起爆炸，爆炸案造成3人死亡，183人受伤。悲剧发生后，为尽快找出罪魁祸首，防止悲剧的再次发生。美国联邦调查局收集了包括电话通讯记录、案发现场附近的监控录像以及现场观众提供的图片和影像资料等相当于10万亿个汉字的数据。如此庞大的数据，按常规方法，可能几周甚至几个月才能分析完成，但由于使用了云计算技术，在短时间内就完成了这些大数据的分析，成功地揪出嫌疑犯。

1 走近云计算

一家微型软件企业腾飞的故事

江苏省无锡市有一家微型软件企业。企业只有20多名员工。主营业务是为面包店提供面包烘焙管理软件，帮助面包店科学烘焙面包和管理好店铺。过去，他们开拓市场的方式是，首先帮助每个面包店安装PC机，安装单机版软件，然后进行用户培训，最后才是上线运行和维护服务。这些工作，都得派人到现场逐个进行，既费时，又费力，而且成本高，效率低。

后来，无锡国家软件园建立了云平台。该平台不仅为园区内

的企业服务，而且也为园区外的企业服务；不仅靠软件园自身的
力量建设平台资源，而且还欢迎软硬件生产商加盟平台，丰富平
台资源。于是，这家研发面包烘焙管理软件的微型企业也带着自
己的软件加盟进去了。此后，一切都变了，变得简单轻松了！面
包烘焙和管理所需的数据处理，全在平台上完成。相关服务全由

平台提供。面包店只需配一台简单的终端，便可与平台交流，取得相关的服务，满足面包烘焙及管理的各项需求。而这家微型软件企业也不需要每天都疲于奔命，可以腾出更多的时间用于拓展业务及市场上。据悉，这家名不见经传的微型企业，如今已发展成为国内面包烘焙软件企业的前三甲。

可见，云计算使信息技术企业插上腾飞的翅膀，为广大信息技术用户提供安全快捷、质优价廉的服务，生产者和消费者都成为大赢家！那么，什么是云计算呢？云计算为什么会具有如此之大的威力？这正是本书要回答的问题。

身边的云计算

"云计算是什么？"相信十有八九的人不能正确回答。虽然经过媒体的宣传，很多人都听说过云计算，但至于云计算具体是什么东西，就不一定知道了。但这并不影响云计算的成长势头。实际上，云计算已悄无声息地来到我们身边，我们已不知不觉地享受着云计算提供的服务。在这里，我们不妨先来看看在我们身边有哪些云计算服务。

首先是搜索引擎

在没有搜索引擎之前，要在浩瀚的互联网海洋中找到自己需要的信息实在是一件痛苦的事情。你得一个个网站，一个个网页查找，有了搜索引擎之后，这些繁琐的事情都由搜索引擎帮你做了。当你打开谷歌简洁的搜索界面，输入"云计算"几个字，不到 1 秒的时间，谷歌搜索引擎就会返回互联网上 5 000 多万条与云计算有关的网页链接。从用户角度来看，这个操作真是简单快捷。其实，服务器端做了一系列极其复杂的工作。

小知识
搜索引擎的工作过程

首先，谷歌派出大量的网络爬虫（Web Crawler）不停地抓取互联网上的页面，并将网页传回服务器，服务器会对网页进行分析，然后建立索引，存储相关信息及网页，当接到用户搜索请求时，搜索引擎会按搜索条件进行匹配分析，确定与搜索条件相关的网页，综合相关度及重要度，将网页排序后返回给用户。

单从上面这一过程似乎看不出谷歌搜索引擎与云计算有什么关系。但是，考虑到谷歌每天接到来自全球过亿的搜索请求，以及互联网上的网页达到数百亿这两个因素，同时要在不超过1秒的时间内响应用户的请求，这些工作就绝对不简单了。为此，谷歌使用了分布在世界各地的多个数据中心的数十万台服务器来支撑搜索引擎服务，用大量的服务器搭起了自己的"云"网络，并研发出分布式文件系统、MapReduce、BigTable等云计算支撑技术。

集装箱式数据中心

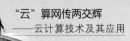

谷歌数据中心

谷歌为了支撑其搜索引擎、谷歌地球、谷歌邮件等云计算服务，需要大量的服务器，数量可达到上百万台，存放服务器的数据中心就必不可少了。出于对技术的保护，谷歌的数据中心一直是很神秘的，外界了解得不多。2010 年 4 月，谷歌公布了他们数据中心的一些细节，并发布了一系列数据中心的视频，让世人对其神秘的数据中心有所了解。谷歌的数据中心使用的不是大型、昂贵的服务器，而是由谷歌自己设计的廉价服务器，每台服务器都自带一个 12V 的备用电池。在数据中心里，服务器被置在集装箱里，每个集装箱存放 1 160 台服务器，每个数据中心存放几十个集装箱。谷歌声称自己的数据中心是最绿色的数据中心，数据中心及服务器在设计时就充分考虑能耗，其能效比（数据中心总能耗与 IT 设备能耗比）最低可到 1.14（2011 年）。

其次是网络硬盘

在办公室没完成的文档，要带回家继续处理；将电脑里的重要数据备份，防止电脑损坏或遗失问题造成数据丢失；将旅游拍的照片放到网上，与朋友们分享。要完成以上任务，或许你想到用 U 盘、移动硬盘等工具。其实，现在有种更便捷的方法，那就是使用一种云计算服务 ——网络硬盘。

网络硬盘是云计算中云存储的一个应用，一种在线存储服务。服务提供商向用户提供存储空间，用户通过网络从个人电脑、手机等终端将文档、照片、视频等文件上传到存储空间，你可以通过网络访问及下载这些文件。这个存储空间就像是用户个人电脑硬盘在网络上的延伸，只要能连上互联网，就可以随时随地访问这个硬盘，同时，还可以将这些文件共享出来，让别人访问。

现在很多网络服务商都提供这种服务。如奇虎 360 的"360 云盘"，提供最高 36G 的存储空间，并可自动同步两端的数据。谷歌的"云端存储"提供 5G 的免费存储空间，当存储空间不够，可以购买额外的存储空间。

最后是电子邮件

电子邮件与云计算也有关系？有人可能有疑问，电子邮件的历史可比云计算的历史长多了。传统的电子邮件可能与云计算无

关，但是经过十几年的发展，电子邮件系统的功能已不单是发送邮件这么简单了。目前，由雅虎、Hotmail等大型邮件服务商提供的电子邮箱功能越来越丰富，逐渐加入了网络日历、即时通信、相册、网络硬盘、天气预报等附加功能。通过WEB浏览器来阅读或发送电子邮件，拥有过亿的用户、提供多种服务，已使电子邮箱脱离了传统模式，具备了云计算的特征。

对于拥有过亿用户的邮件系统，其业务量是非常大的。如每天处理的邮件数量为几十亿，传统的IT基础架构已无法很好地应付如此巨大的业务量，使用云计算的基础架构成了必然的选择。

2 云计算的孕育历程

车库里的研究

20世纪90年代末，美国斯坦福大学有两位年轻学子，一位叫布林，一位叫佩奇。他们很要好，称得上哥们。离开学校后，他俩开办了一间当初不起眼、后来却赫赫有名的大公司——谷歌，成为该公司的创始人。鲜为人知的是，在斯坦福大学求学期间，他们上演过一场在破旧车库里搞试验的好戏。

1997年，喜欢摆弄计算机和软件的布林和佩奇，将他们所写的一个搜索软件放在自己的网页上，收到意想不到的效果：斯坦福大学有上千人使用这个软件。既然这么受欢迎，颇具商业头脑的哥俩就想把软件卖出去，赚点零花钱。可是事与愿违，无人问津。其实这个软件只是一个课程作业，性能并没有什么了得。于是，

他们脑瓜一转，如果把软件性能提高，在互联网上出租，也许能收到些银两。

算盘虽然打得哒哒响，但困扰他们的问题接踵而来。首先是软件性能和功能大幅提升后，必须在高性能的服务器上运行。他们根本没有购买大型服务器的经济能力。迫于无奈，他们想到了蚂蚁啃骨头的方法，即利用多台低档的服务器来实现。想到就干，他们起早贪黑在宿舍干了起来。可是好景不长，由于影响室友的学习和休息，遭到室友群起而攻之。无奈之下，只好把试验工作移到学校内一个已废弃的破旧车库里进行。

接着的问题是资金困难，根本无钱购买那么多服务器（即使是价格很低的低档服务器）。天无绝人之路，他们干脆跑到二手旧货商场捡便宜货：过时的芯片，廉价的电源，小容量的硬盘，别人淘汰的主板，等等。用这些东西组装成很多"服务器"，再将它们互联起来，构成一个比单个"服务器"强得多的服务器群。此外，他们还为服务器群研究和配置了一整套算法和软件，使之具有很强的数据处理能力，成为支撑高性能应用软件（包括他们那个改进后的搜索软件）的平台。把这个平台接入互联网，就能在互联网上向用户提供服务，他们挣钱的美梦就可能成真。

布林他俩工作的核心和意义在于利用多台普通低档的服务器组成具有高性能的服务器群，并把该服务器群作为一个平台置于互联网上运行来为用户提供服务，这就是今天云计算的雏形。

亚马逊的贡献

说起亚马逊，大家都会想起国内最大的图书销售网站——卓越网。不错，亚马逊这个以在网上销售图书起家的美国最大的在线零售商通过收购卓越网进入中国市场。大家不知道的是，亚马逊这个卖书的公司却是第一个提供云计算服务的公司。

亚马逊网上书店成立于1995年，是全球电子商务最成功的代表。公司投入巨大资金来建设自己的数据中心，以支撑其巨大的业务量。在2004年，亚马逊在全球拥有超过9000万的注册用户。为了应付如此庞大的客户在诸如圣诞节这些节日的购买高峰，亚马逊部署了大量的服务器、带宽等设备。然而，这些设备在大部分时间都处于空闲状态。为了不浪费这些资源，提高利用率，亚马逊将这些闲置的资源出租给用户，以获取丰厚的回报。

2006 年 3 月，亚马逊推出了"弹性计算云（Elastic Compute Cloud）"服务，向用户提供服务器和存储租用服务。用户可以根据自己的需要，租用一定量的 CPU、存储等设施，租用时最低可以按天来计。经过简单的配置，用户就可以通过网络使用这些设备了。就这样，亚马逊就从一家网络商店摇身一变，成为一家高科技的 IT 公司，对外提供云计算服务。

虽然当时所提供的功能比较简单，影响力有限，但并不妨碍它成为业界公认的第一个云计算服务。

计算机应用方式的演变

云计算并不是一个横空出世的新技术，而是在计算机技术和网络技术的不断发展推动下，逐步演变而来的。三国演义的名句"天下合久必分，分久必合"正是对计算方式演变最好的描述。

计算机应用方式经历了如下的演变。

主机 / 终端机方式：计算机刚开始应用时，基本都是大型主机。这些机器价格昂贵，只有一些政府部门、研究机构、大型企业才能拥有这些主机。它们主要用于进行科学研究以及处理复杂业务，如天气预报、地质勘探、银行的账户管理、航空公司的票务系统等。计算资源都集中在主机上，人们通过终端机连接并使用主机。终端机一般不具备计算、存储能力，只负责将命令传递到主机，并将计算结果返回给用户。一台主机允许多台终端机连接，执行不同的任务。

客户机 / 服务器方式：在这种计算模式中，计算机被分为两种，一种是向其他计算机提供服务的计算机，称为服务器，通常是性能较好的计算机；另一种是通过网络访问这些服务器的计算机，

叫客户端，通常由个人计算机担当。用户通过客户机向服务器发送请求，服务器处理完成后，将结果返回客户机，客户机再将结果显示给用户。在这个工作过程中，许多工作可以在客户端处理，既充分发挥了个人计算机的功能，又减轻了服务器的负担。如我们经常使用 Outlook、Foxmail 等程序收发邮件，写信、邮件管理、联系人管理等工作都在个人电脑上完成，邮件服务器只负责邮件的发送和接收。

浏览器 / 服务器方式：随着互联网的发展和万维网的出现，又催生了一种计算模式 ——浏览器 / 服务器模式。在客户机 / 服务器模式中，不同的应用要使用不同的客户端应用软件，用户使

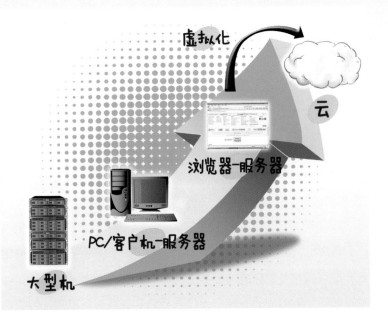

用和管理都麻烦。在浏览器／服务器模式，用户使用统一的客户端——浏览器来与服务器交互。在浏览器／服务器模式下，当我们要收发邮件时，不再是使用专门的程序，而是打开浏览器，输入邮件服务器地址，然后输入账号、密码，邮件服务的所有功能就会在浏览器显示出来。要玩游戏？要网上购物？要访问网上银行？同样也是打开浏览器，输入相关的网址就可以了。浏览器的功能模块固定，用户只要掌握了浏览器的使用，会用浏览器浏览网页，就可以轻松使用所有浏览器／服务器模式的应用了。服务器负责所有的计算任务，浏览器只负责结果的显示。与客户端／服务器模式相比，计算任务又向服务器集中了。

分布式方式：当计算机网络、特别是互联网出现后，使得分布在不同地理位置的计算机可以连接起来，于是出现了分布式计算。分布式计算是将一个大计算任务分拆为多个小任务，这些小任务分别运行在多台计算机上，这些计算机有可能相隔几千千米，任务完成后上传结果，然后汇总，得出最后的结果。前面提到的谷歌搜索引擎，就是一个分布式计算的实例，我们提交"云计算"的搜索请求后，背后可能有成千上万台的服务器在共同完成这个请求。好处是显而易见的，如果由一台计算机来处理一个搜索请求，可能需要250秒，但由1 000台计算机来完成这个请求，则可能0.25秒就完成了。

个人计算机应用方式：这是大家都熟悉的应用方式，使用者在各自的PC机上，利用PC机的资源进行计算，它属于一种分散的应用方式。

云计算方式：云计算是分布式计算的进化。它将许多小型、

微型计算机整合起来，构成一台大型甚至超大型的虚拟机。难怪谷歌的企业执行总监埃里克·施密特认为："云计算意味着从 PC 机时代重返大型机时代。"基于云计算理念和技术的数据中心，尽管它只拥有数目众多的小型机和微型机，但使用起来，它就像

一台超大型的大型机，并且是计算能力更强、扩展性能更好的大型机。

可以看出，计算模式经历了集中—分散—集中的演变过程，但前一种"集中"是物理上的集中，后一种"集中"是逻辑上的集中，因此是螺旋式演变。

小知识
计算机资源及其结构方式

计算机资源，又称计算资源，包括硬件、软件、数据3大类。硬件如运算设备、存储设备、输入输出设备、网络设备、安全设备等。软件如系统软件、支撑软件、应用软件等。

计算机资源结构的物理集中方式，是指主要的计算机资源都集中在同一计算机系统之中，例如单机系统。

逻辑集中方式，是指主要的计算机资源分散在多台计算机系统之中，但为了使用户获得比单台计算机更丰富的资源，工程技术人员通过技术手段把分散的计算机资源组织起来提供给用户。用户在使用过程中并不感到有多台计算机存在，而是在使用"一台"性能更好、功能更强、资源更丰富的计算机系统。这就是物理分散、逻辑集中的结构方式，简称逻辑集中方式。云计算中的计算机资源结构，就属于物理分散、逻辑集中的结构方式。

3 云计算是何方神圣

众说纷"云"意见多

也许大家都知道瞎子摸象的故事。话说一位商人牵来一头大象，几个瞎子饶有兴趣地对大象抚摸起来。摸到象腿的说，大象像大木桩；摸到耳朵的说，大象像大葵扇；摸到象牙的说，大象像大萝卜；摸到尾巴的说，大象像绳子……云计算诞生初期，人们对它的认识，真有点像瞎子摸象，各有各的说法。

有人说，虚拟化就是云计算；有人说，分布式计算就是云计算；

也有人说，把一切资源都放在网上，一切服务都从网上取得就是云计算；更有人说，云计算是一个简单的、甚至没有关键技术的东西，它只是一种思维方式的转变；等等。

在 2006 年以前的英文文献中，并没有 "Cloud Computing" 这个词组。2007 年才开始出现，并快速流行。2008 年初被译成中文——云计算。因此，云计算是个新生事物，目前仍在发展之中，人们对它有不同的认识十分正常。上述说法也不无道理，只是观察点不同而得出不同的理解。就算发展到今天，云计算仍然没有一个科学、严谨、权威的定义。这里也只是介绍一些较主流的看法。

我们先来看看为什么用"云"来命名这个新的计算模式，以及云计算中的"云"是什么。

一种比较流行的说法是当工程师画网络拓扑图时，通常是用一朵云来抽象表示不需表述细节的局域网或互联网，而云计算的基础正是互联网，所以就用了"云计算"这个词来命名这个新技术。另外一个原因就是上面提到的，云计算的始祖——亚马逊将它的第一个云计算服务命名为"弹性计算云"。

其实，云计算中的"云"不仅是互联网这么简单，它还包括了服务器、存储设备等硬件资源和应用软件、集成开发环境、操作系统等软件资源。这些资源数量巨大，可以通过互联网为用户所用。云计算负责管理这些资源，并以很方便的方式提供给用户。用户无需了解资源具体的细节，只需要连接上互联网，就可以使用了。例如我们使用网络硬盘，只需连接上服务提供商的网站，就可以使用了，不需要知道存放文件的机器型号、存放位置、容量等。存储空间不够？再申请就可以了。

延伸阅读

关于云计算的含义

云计算架构

　　维基百科认为，云计算是一种能够将动态伸缩的虚拟化资源通过互联网以服务的方式提供给用户的计算模式，用户不需要知道如何管理那些支持云计算的基础设施。

　　IBM 认为云计算是一种计算风格，其基础是用公共或私有网络实现服务、软件及处理能力的交付。

　　谷歌的企业执行总监埃里克·施密特认为，云计算与传统的以 PC 为中心的计算不同，它把计算资源和数据分布在大量的分布式计算机上，这使计算能力和存储获得了很强的可扩展性，并方便用户通过多种方式接入网络获得应用和服务。

美国加州大学伯克利分校在它的一篇关于云计算的报告中认为，云计算既指在互联网上以服务形式提供的应用，也指在数据中心里面提供这些服务的硬件和软件，而这些数据中心的硬件和软件则被称为云。

美国国家标准技术研究院认为，云计算是一个模型，这个模型可以方便地按需访问一个可配置的计算资源池（例如，网络、服务器、存储设备、应用程序以及服务）的公共集。这些资源可以被迅速提供并发布，同时管理成本及服务提供商的干涉都是最小化。

微软认为云计算是云 + 端的计算，这里的端是指客户端。他们认为客户端和云不是相互独立，而是互相联系的有机整体。客户端通过网络连接到云端构成一个集成平台，客户端是云计算的重要组成部分。

至于云计算的含义，真是众说纷纭，在各种含义中，虽然说法、角度不一样，但透露出的中心意思是相同的：云计算是一种 IT 服务方式，云计算是将大量计算资源（服务器、存储设备、软件、服务等）整合、集中，并以服务的方式提供出来，用户通过互联网按需使用这些资源。由此可见，云计算不仅仅是计算这么简单，它包括了设备、软件、服务等的全方位的内容。

云计算的特征

云计算如今被热炒，很多商家不管是与不是，都把自己的产品贴上云标签，使得云产品满天飞，甚至以假乱真！那么，什么样的产品及其应用才算是云计算呢？答案是具备云计算特征。

云计算的主要特征有：

其一，以网络为依托，通过网络提供服务。云计算所依托的

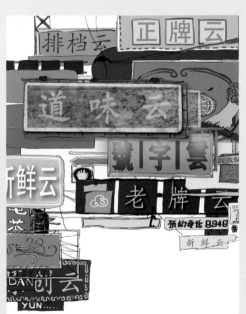

网络主要是互联网，根据需要，也可以是广域网、局域网、企业网及专用网等。

其二，以虚拟技术为基础，用虚拟技术整合软硬件资源和计算能力。

其三，服务透明化。用户使用服务时，无需知道资源的结构、实现方式和所在的位置。

　　其四，按需自动服务。用户通过云计算可自动获得满足用户需求的计算资源、计算机能力和相关服务。

　　上述 4 条，是云计算的主要特征，也是云计算的核心。此外，诸如高可靠性、高扩展性、低应用成本等，是对云计算的要求，或云计算应该达到的目标，而非云计算的核心特征。

4　乱云飞渡仍从容

风云初起——国内的云计算

　　我国现在正处于云计算的起步阶段，云计算的建设方兴未艾。

国家对云计算非常重视，在《国民经济和社会发展第十二个五年规划纲要》中明确提出云计算是国家培育发展的战略新兴产业。2010年10月，工业和信息化部与国家发展改革委员会联合发布了《关于做好云计算服务创新发展试点示范工作的通知》，确定在北京、上海、深圳、杭州、无锡等5个城市先行开展云计算服务创新发展试点示范工作，以推动我国云计算产业发展和试点应用。

我国的大型云计算项目基本上是由政府主导，在政策的指导下，各地方政府纷纷启动自己的云计算。

上海2010年8月发布了《上海推进云计算产业发展行动方案》，即"云海计划"。该计划指出，未来3年，上海将致力打造"亚太云计算中心"，培育10家年经营收入超亿元的云计算企业，带动信息服务业经营收入新增千亿元。经过了两年多的建设，已有中小型企业公用云服务平台、中国银联移动电子商务综合云平台、"盛大云"平台等一批云计算项目建成投入使用。

北京在2010年10月由北京市经信委与市发改委、中关村管委会共同发布《北京"祥云工程"行动计划》，提出到2015年，形成2 000亿元产业规模、建成亚洲最大超云服务器生产基地。

2011年1月，重庆市政府在该市"两会"期间首次提出，将重庆建成国内最大的云计算中心。到2015年，要建成上百万台服务器、产值上千亿美元规模的"云计算"基地，目标为"将全球的各种数据处理外包业务（也包括本土的）吸引到重庆，建成国家离岸和在岸数据处理中心的重要基地"。

国内云计算基础设施的相继建立，规模远远超越国内需求，尽管成效现在还不明显，但还是引起了国外的关注。美国《福布斯》

杂志 2012 年 7 月 16 日发表了题为 "美国新的大外包，云计算到中国？" 的文章，文章提到 "时间快进到 2016 年奥运会。参议员里德这次不会再呼吁焚烧我们奥运代表队的中国造制服，而是要求抵制观看赛事视频。为什么？因为展示我们运动员风采的奥运视频全都以海量字节形式储存在中国的云计算中心"。他们害怕: "被美国外包出去的并非只是具有 200 年历史的纺织业，还有 21 世纪信息高速公路的基础设施。"

前景是美好的，但我们也要清楚认识到，我国的云计算还在起步阶段，无论从技术上还是商业应用上，与国外相比，还有很大的差距。

国外云计算发展状况

国外云计算最成功的要算美国了，美国的云计算主要由众多大型 IT 公司推动，商业模式成熟，效益可观。

同中国一样，美国政府也认识到云计算的重要性，并为此在政策和资金上提供扶持。例如，谷歌和 IBM 的合作计划，就由美国国家自然科学基金会资助了 500 万美元，以帮助研究机构获得廉价的计算资源。2009 年，美国联邦政府成立云计算工作小组，开始在联邦政府内部推广云计算。

与中国不同，美国的不少知名工厂、企业已推出了很多成功的云计算产品，占据了市场，抢夺了商机，取得了巨大的经济效益。如前面提到的，首个推云计算服务的亚马逊公司，推出了弹性计算云（EC2）和简单存储服务（S3），为企业提供计算和存储服务。收费的服务项目包括存储服务器、带宽、CPU 资源，云计算是亚马逊增长最快的业务。谷歌公司的多项业务如谷歌搜索引擎、谷歌地球、地图、邮件等就建设在云计算平台之上。除以上服务外，谷歌还提供了 Google Docs 这个基于云计算的软件服务。IBM 在 2007 年 11 月推出了"蓝云"（Blue Cloud）计算平台，是基于 IBM 系统、软件和服务的云计算管理平台。它可以统一管理各种软硬件资源并以 IaaS、PaaS、SaaS 形式提供服务。微软于 2008 年推出了 Windows Azure 云计算平台，提供了一个在线的基于 Windows 系列产品的开发、存储和服务代管等服务的环境。

发展云计算的误区

在发展云计算中，我国存在一些误区。

其一，把发展云计算与发展房地产挂钩。

我国有些地方，以建设云计算中心为借口，大规模圈地建房，把发展云计算异化为发展房地产。例如，我国某地准备兴建的一个云计算中心，占地竟达 134 公顷！这将是世界上占地面积最大的云计算中心。难怪谷歌大中华前总裁惊呼：云计算，"雾"（物）联网，已成为忽悠经费和土地的工具！

其实，为了发展云计算，地不是不可以圈，房不是不可以建，关键在于落实 4 个字："实际需求"，不然，地圈了，房建了，而主角——云计算却迟迟没有登场，甚至变成过眼云烟，那才是云计算的悲哀。

其二，发展云计算就要购买新设备。

由于云计算要用到大量的服务器等设备，所以有人便乘机把原有的设备淘汰，大量购买新设备。其实，这是违背云计算初衷的。云计算的本意，是要把现有分散的、性能较低的设备组织起来，利用起来，以达到提高系统功能、性能和降低成本的目的。对借云计算之名，行挥霍浪费之实，云计算若有知，一定会感到不安。

其三，乱贴云计算标签。

有些人为了商业目的，玩弄概念，把云计算炒得神乎其神，玄之又玄；把云计算说成什么事情都能做、什么事情都适合做的"万能技术"；把本来不是云计算的东西，一概贴上云计算标签，自欺欺人。凡此种种，都不是实事求是的科学态度。因此，我们要提高识别能力，不要受其忽悠，也不要人云亦云。

5 "天云计划"展宏图
——广州启动云计算

雄心勃勃的"天云计划"

2012年新年伊始，广州市科技和信息化局网站的一则新闻引起网民的兴趣，《经济时报》等传媒也竞相转发，这就是广州市关于发展云计算的"天云计划"。

之所以引人关注，不仅仅是该计划的取名有几分神秘，更主要的是该计划的内容雄心勃勃，催人奋进。

"天云计划"在2011年的广州市政府报告中就已提出，后经反复修改、补充并通过专家评审，于2012年1月正式发布。"天云计划"的着力点在于：建设可持续发展的创新型城市；提升国家中心城市科学发展的实力；促进相关产业的转型发展；加快低碳广州、智慧广州、幸福广州的建设。"天云计划"的目标：三年打基础，五年见成效。到2015年，建成五个具有国际先进水平的云计算服务平台；突破十项以上云计算关键技术；推广十项云计算示范应用；制定多个创新性的云计算标准；云计算每年产值

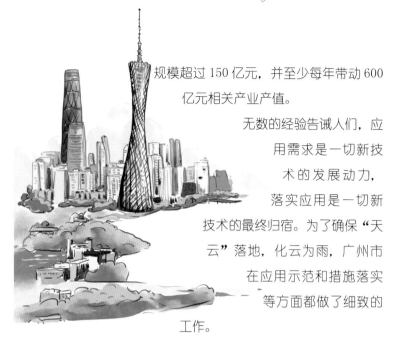

规模超过 150 亿元，并至少每年带动 600 亿元相关产业产值。

无数的经验告诫人们，应用需求是一切新技术的发展动力，落实应用是一切新技术的最终归宿。为了确保"天云"落地，化云为雨，广州市在应用示范和措施落实等方面都做了细致的工作。

根据广州市的实际情况，选择十项云计算应用示范项目重点实施。其中包括：电子政务云应用、教育云应用、医疗保健云应用、生物医药云应用、城市安全云应用，等等。这些应用项目，不仅与民生密切相关，受到人民群众普遍关注，而且也是广州市近几年来努力耕耘的领域，基础扎实，规模初现。现在把云计算这一新技术、新模式融合其中，无疑会使其如虎添翼，更上一层楼。

为"天云计划"保驾护航的具体措施，包括资金投入、人才引进、社会协作、配套政策等。其中，资金投入和人才引进尤为重要，这相当于人的两条腿，缺一就不能正常走路。为了确保资金投入，从 2012—2015 年，广州市将在科技经费中每年安排出不少于 1000 万元用于重点支持云计算项目。此外，从现在起，

市政府将不断提高云计算服务采购在政府信息化采购支出中所占的比例，无形中加大了对云计算的资金投入。

在人才引进方面，除通常的渠道外，广州还有一条黄金水道，那就是"留交会"。所谓"留交会"，就是"中国留学人员广州科技交流会"。1998 年 12 月 28 日，首届"留交会"在广州召开，303 位留学人员与会，"留交会"从此诞生。至 2012 年，已有23 370 位海外人才、13 488 个科技工作项目参加了"留交会"，吸引了 5 000 多家由海外人才创办的企业落户内地。

"蚂蚁"成就了超级计算机

建设超级计算中心（简称超算中心）是广州"天云计划"的重要内容之一。什么是超算中心呢？顾名思义，超算中心就是以超级计算机为平台向用户提供数值运算或数据处理服务的机构。

接着的问题，什么是超级计算机呢？回答也可以很简单，超级计算机就是在现有的计算机中，运算速度最快、存储容量最大、整体功能最强的那一类计算机。超级计算机还有一些别号：高性能计算机，高端计算机，巨型计算机，等等。

普通计算机的运算速度，一般在数百万次左右。性能较好的大型服务器，运算速度可达数千万次。而目前的超级计算机，运算速度已达 1 000 万亿次。我国国防科技大学于 2010 年研制成功的"天河一号"超级计算机，运算速度为 1 206 万亿次，当时居世界第一。

超级计算机的运算速度为什么能达到如此令人难以置信的高度呢？我们还得把时光倒退到 20 世纪 80 年代初期，看看那时计算机业界发生了什么事情。

20 世纪 80 年代初，计算机面临着十分严峻的形势：一方面，科学研究、国防军事、工农业生产对计算机运算速度要求越来越高。例如，风洞试验的计算机模拟，要求其运算速度至少达到 50 亿次，核聚变反应模拟，要求计算机的运算速度要比当时的计算机快 1 000 倍；为了遍历搜索国际围棋问题空间，用亿次计算机，也要花费几个世纪的时间，等等。所有事例都说明，在高速运算挑战方面，当时的计算机显得十分苍白无力。另一方面，作为计算机的主要元器件——集成电路，因受电子运动速度的限制，其信号传输时间已不能再缩短。面对如此严峻的形势，计算机该怎么办？

在科学发展的道路上，办法确实总比困难多。1982 年，全球顶尖的计算机专家云集美国，共商大计，一致认为：高性能的单

机已发展到极限，并行处理是进一步提高计算机运算速度的有效途径。

什么是并行处理呢？并行处理是计算机的一种计算方法（又称算法），把一个计算量很大的任务分解成许多的小任务，分配给许多处理器来完成任务，从而提高整体运算速度，这好比由一群蚂蚁去啃一块大骨头，总比一只蚂蚁慢慢啃快得多。因此，超级计算机必定有一群"蚂蚁"——处理器。处理器的数目一般都有数百个、上千个。"天河一号"就包含了2 048个自主研制的微处理器，使其运算速度达到1 206万亿次的惊人水平。这1 206万亿次是什么概念呢？意味着它运算1小时的工作量，相当于全国13亿同胞同时计算340年！"天河一号"的存储容量也大得惊人：2千万亿个字节，可存储1 000万亿个汉字，相当于10亿册100万字的图书。

人多力量大！

超级计算机的研制和应用，反映一个国家的综合实力，目前已成为大国之间又一个"展示肌肉"的舞台。

超级计算机给力广州云计算

毫无疑问，超级计算机是为了解决普通计算机不能解决的问题而设计的。这些问题被称为"挑战性问题"。只要深入研究，几乎各行各业都存在"挑战性问题"。寻求解决"挑战性问题"的用户，称为"超级用户"。"超级用户"是超级计算机服务的主要对象。

然而，超级计算机所拥有的超高运算速度、超大存储容量、超强处理能力，都是非常宝贵的资源，如果把如此宝贵的资源放在云端，对资源进行适当的分割调度，按需分配给各个"超级用户"和普通用户，不但可以提高资源的利用率，而且又可以给云计算以强有力的支持。基于这种思路，"天云计划"把超算中心与云计算中心结合起来建设，尽管其中还要解决许多管理和技术上的问题，但是仍然不失为一条很有意义、很值得探索的创新之路。

早在 2011 年 11 月 25 日，广州市就与国防科技大学签约，斥资 20 多亿元，合作建设广州超算中心，计划 3 年内完成。到 2015 年，国防科技大学将为广州超算中心安装一台由该校研创的具有世界领先水平的超级计算机 ——"天河二号"。"天河二号"的运算速度是 10 亿亿次，是"天河一号"的 100 倍。

小知识

计算机的运算速度

计算机的运算速度是衡量计算机处理数据能力的重要技术指标。运算速度越高，处理数据的能力就越大。计算机的运算速度主要取决于计算机所采用的器件和运算器的结构。表示运算速度有 3 种方式：

一是以中央处理器（CPU）的主频来表示，主频越高，运算速度就越高。这种表示方式一般只用于运算器结构较为简单的低档计算机，例如微型计算机。

二是以每秒钟执行指令（操作）的次数来表示，例如：100 万次、10 亿次，等等。次数越多，运算速度就越高。由于计算机中执行不同指令所需的时间有差异，所以以每秒钟执行指令（操作）的次数来表示的运算速度一般是平均速度。这种表示方式适用于所有计算机，包括运算器由很多处理器组成的超级计算机。

三是以执行特定指令的次数或在特定状态下执行指令的次数来表示。例如，执行浮点运算的次数，在峰值状态执行指令的次数，等等。这种表示方式方法一般作为辅助性表示，用于表示计算机在某一方面的运算速度。

二　云端奥秘
——云计算关键技术话你知

神话说，由于天上有个玉帝，天空才会时风时雨，时阴时晴。那么，计算云里藏着什么，才使云计算功能如此强劲，魅力如此之大，实在令人难以置信：云计算技术与魔术、云计算技术与神话，有时竟如此"相似"、如此"接近"。

2010 年上映的电影《阿凡达》可谓风靡全球，刷新了各项票房纪录。潘多拉星球那高耸入云的参天巨树、飘浮在空中的哈利路亚山、如水母般美丽的物种，这栩栩如生的虚拟世界让人仿佛身临其境，沉醉其中。电影的大部分特效都由电脑制作而成。由于制作过程复杂，数据量巨大，电脑制作系统只有具备强大的运算能力和数据管理能力，才能完成这个任务。《阿凡达》制作室位于新西兰，该制作室聚集了大量的计算机和数据库方面的专家。其数据中心，配置了超过 4 000 台的刀片服务器，拥有 4 万多个处理器。这几千台服务器能够协调并行工作，共同处理超量的数据，关键在于云计算并行处理技术的支持。

1 网络承载云计算

孙悟空脚下的一片云——网络在云计算中的作用

"金猴奋起千钧棒，玉宇澄清万里埃"，这是一代伟人毛泽东对孙悟空的褒奖，更是对正义力量的肯定。孙悟空会七十二变，武艺高强，在中国家喻户晓。然而，很少人会注意到孙悟空腾云驾雾时脚下的那一片云。正是那一片云，承载着孙悟空快速追剿妖魔，救师父于危难；正是那一片云，让孙悟空威风八面，屡建奇功。如果没有那片云，很多事情孙悟空将束手无策。孙悟空跟他脚下

的那一片云已息息相关，密不可
分了。

　　云计算与网络的关系，
真有点像孙悟空与他脚下
的那一片云的关系。网络
将云计算撑起来，使计算理
念、计算技术、服务模式
都得到新的飞跃，使
云计算成为信息技术领
域的新秀。其实，云计算中的"云"，
就是指网络。网络在云计算中的作用由此
可见。

　　网络在云计算中的具体作用是传输信息，包括传
输数据信息、监视信息和控制信息。在云计算系统中包含着众多
设备，单单服务器就有数十台、数百台，甚至上千台。这些服务
器都是独立、分散的。但使用时，要求它们必须分工合作、互相
支援、协同工作，"团结"得像一台服务器那样。可想而知，此
时的沟通、协调是多么繁复，多么重要。这一繁重的任务，通过
网络向服务器传达相应的信息来完成。

　　云计算系统的另一问题是，面向公众服务的云计算用户数量
多、分布面广。成千上万的用户，可以分布在不同部门、不同区域，
甚至不同国家。云计算系统怎样接收广大用户的应用需求？计算
后所得的结果怎样返回给用户？在使用过程中，系统怎样与用户
沟通？凡此种种，归根结底，都是由网络来解决。

因此，网络是承载云计算的一片祥云！

云计算体系结构——网络在云计算中的位置

云计算是一个复杂的系统，它的体系结构从底到顶可以分成5层：网络层、设备层、支撑软件层、服务层、用户接口层。各层的逻辑关系是，低层向高层提供资源，支持高层的工作；高层向低层调用资源，为终端用户服务。

云计算的体系结构

第一层：网络层

这是云计算体系结构的最底层，也是网络在云计算中的位置。由它支撑着整个云计算系统。支撑云计算的网络有两种：一种叫内联网，用来实现云计算中心的各种设备及各云计算中心之间的连接，实现设备与设备之间、云计算中心与云计算中心之间互联互通。另一种是外联网，实现云计算系统与终端用户之间的连接，云计算系统通过该网络为用户提供服务。

第二层：设备层

该层包括云计算系统的所有硬件资源。例如运算设备、存储设备、打印设备、安全设备，等等。这一层是云计算系统的物质基础。一般情况下，这些设备都是分散的，要通过网络把它们连接起来，通过诸如虚拟化等技术将它们组织起来，按用户的需求为用户提供服务。

第三层：支撑软件层

这里的支撑软件，除了数据库、操作系统等通常所指的系统软件外，还包括各种工具软件和中间件。这些软件作为一种资源也是分散的。它们与设

备层的硬件组成云计算系统的资源池，供服务层适
配调度，向用户提供按需服务。

第四层：服务层

这一层将根据用户的请求，向直接用户提供服
务。目前，云计算系统向用户提供的服务有：

基础设施即服务（IaaS）

把基础架构作为服务提供给用户。通过该服务，
可根据用户的需求，为用户提供一个量身定做的信
息系统的软硬件架构。用户从此便可摆脱系统设计
和软硬件采购的烦恼。

平台即服务（PaaS）

把软件研发平台作为服务提供给用户。用户可
以在该平台上开发自己所需的软件，平台的功能是
根据用户的需求配置的，随时都可以更新升级。

软件即服务（SaaS）

把软件作为服务提供给用户。用户可以通过该
服务租用所需的软件，包括支撑软件和应用软件，
不需要购买，更不需要自行研发。

第五层：用户接口层

该层向用户提供与云计算系统交互的界面，也
就是用户与云计算系统对话的窗口。目的是使用户
很方便、很轻松、不需要经过什么培训就能使用云
计算。统一、简单、易学、易用，富于人性化，是
这些界面的特色和要求。

万丈高楼从底起——云计算对网络的要求

广州新地标广州塔高耸入云，其修长的身形，多彩的灯饰，迷倒了千千万万的游客。但你可知道，在建设中，花在打基础的时间，超过了工程总时间的一半！可见基础工作是多么的艰辛与重要。

网络是云计算的基础。搞好网络，云计算就成功了一半！

在云计算风起云涌之初，我国有些地方，不问需求，不顾条件，匆忙上马云计算项目。他们花费了大量的人力、财力和物力，到头来，却与云计算的目标相距甚远，甚至徒劳无功。究其原因，网络质量太差是其中重要的一条。

那么，云计算对网络有什么要求呢？无论是连接云计算中心设备的内联网，还是连接广大客户端的外联网，云计算对它们的要求是 6 个字：安全、可靠、快速。

安全、可靠，是任何信息网络必须达到的要求，这里不必多说。快速，则是云计算的特殊要求。因为云计算本身就是一种以空间换时间的技术。

对于内联网，一般是云计算中心自行建设的，因此，可以根据实际需求而采用高速，甚至超高速的网络。例如谷歌，在云计算中心内部，采用超高速光纤网络来连接服务器等各种设备，同时，采用专用的高速光纤网络，将位于全球的谷歌云计算中心连接起来，从而保证信息的实时传输。据分析，为确保云计算系统的有效工作，内联网的信息传输速度能达到 T 级（10^6Mb/s）水平。

对于外联网，面向公众服务的网络一般都使用公众网。它的质量不是云计算中心能主宰的，其安全性、可靠性、快速性都很难保证。外联网质量的不佳，将成为影响云计算推广应用的瓶颈。

试想，就算云计算内部的速度很快，可以快速取得运算结果，但把结果返回给用户却慢了三拍，这样的云计算还有用吗？据分析，外联网的速度达到 G 级（10^3Mb/s）水平才能满足使用需求。

解决外联网问题的途径有二：

其一，政府加大投入，提高公众网络质量。

信息网络，曾被喻为信息高速公路。它像高速公路一样，属于基础设施。完善基础设施，造福民众，是各级政府义不容辞的责任。

广州市政府十分重视基础网络建设，通过多年的努力，特别是借 2010 年主办亚运会的东风，加快建设步伐，使广州信息网络的水平和规模都上了一个新台阶。广州是我国三大通信枢纽和三大互联网枢纽之一，对发展云计算有较大优势。广州目前正在推进"光网城市"和"无线城市"建设，加快发展 4G 移动通信网。它的具体目标是：在城区，实现"千兆进企业，百兆到家庭"；在乡村，实现"光纤进村，宽带到户"。这样，网络环境将大大改善，云计算将得以生存和壮大。

其二，企业动手，自力更生。

有实力的企业，可投资建设满足自身需求的高速互联网。例如谷歌，早些时候就宣布正式介入宽带网络服务业务，实施"光纤到家庭"计划。按企业计划，谷歌将在美国各地的市、镇，试验推行光纤直通一般家庭，提供超过 1Gb/s 的超高速网络服务。若由企业自行建设外联网，其安全性、可靠性和快速性都将容易得到保障。但条件是，企业要有足够的实力，政府要有相应的配套政策。

小知识
何谓网络传输速度

网络传输速度，即网络传输信息的速度。因为在数字化网络中，信息是以二进制数码的形式出现，所以网络传输速度以每秒钟传输二进制数的位数来衡量。传输位数越多，速度就越高。网络传输速度的常用单位有：Mb/s（每秒钟传输百万位二进制）；Gb/s（每秒钟传输 10^3 百万位二进制）；Tb/s（每秒钟传输 10^6 百万位二进制）。一般的电缆网络，传输速度在 5~10Mb/s，而光纤网络，传输速度可达 Gb/s，甚至 Tb/s 的级别。

小知识

何谓云计算中心、云数据中心?

两者都是云计算发展中的产物。彼此有联系,但又有差别,很容易混淆。

云计算中心,是指拥有并管理云计算资源、提供云计算服务的机构。数据是一种重要的资源,如果云计算中心以采集、存储、分析、处理、传输数据为主要业务,则该云计算中心便可称为云数据中心。云计算中心与云数据中心没有本质的区别,只是服务的侧重点不同,与此相适应的,软硬设备的配置也会有差异。

2 虚拟技术构筑资源池

从电力供应谈起

19世纪,爱迪生发明了直流电供电系统。由于直流电不能长距离供电,供电系统只能在方圆一千米范围内提供服务。但爱迪生并不介意,他认为工厂都应该就近建立自己的私人发电厂。当时很多企业都建立了自己的小型电厂,为自己的工厂供电。

不过,当时在爱迪生公司担任高职的英萨尔觉得应该建立一

个"中央电厂",而不是建立密集的小型电厂。中央电厂的电力供应能满足工厂和人们的需求,人们不再自己生产电力,而是向中央电厂购买。英萨尔于是建立了大型电厂,相比购买昂贵的发电设备以及维护的人工费用,使用公共电网的电力可谓方便、便宜很多,只要将机器接上插头,电力就源源不断地输送过来,而价格又比自己发电便宜,何乐而不为呢?所以中央供电慢慢被接受和广泛使用。

现在的计算机应用方式似乎也在经历着电力发展所经过的路程。企业或机构要建设信息系统时,都要自行购买服务器、存储器、操作系统、数据库等软硬件设备,并组织专业技术人员来开发及维护。大型的企业有资金、有人力可以建设自己的数据中心。小型企业在资金不足的情况下只能采用一两台简陋的机器来运行信息系统,稳定性和安全性都不能得到保证。有些企业可能会交给专门的公司来建设及维护,由于规模不大,费用并不便宜。

1966 年，帕克希尔在其著作的《计算机的挑战》（*The Challenge of the Computer*）中预言计算能力能如同水、电一样提供给大众。随着网络技术及互联网应用的发展，这个预测将会得到实现，实现方式就是云计算。在云计算应用方式中，由云计算服务商进行 IT 资源（从硬件到软件）的建设，这些 IT 资源（电力），通过网络（电网）提供给用户，用户不再需要建立自己的数据中心（私人发电厂），只要利用云计算提供的服务，就可方便地使用这些资源了。难怪有人称云计算是继水、电、气、油之后的第五公共资源。

云计算对资源池的需求

前面介绍云计算的含义时，说到"云计算是将大量计算资源（服务器、存储设备、软件、服务等）整合、集中，并以服务的方式提供出来"。这些整合、集中了的计算资源就构成了云计算的资源池。资源池是云计算的聚宝盆。

我们来看看传统的数据中心是如何提供"电力"的。若企业要建设财务系统时，不单要购买财务软件，还要购买服务器等硬件设备，如需要，还得购买专门的存储设备。若再建设新的应用系统，又要购买新的服务器等设备。这种方式就像独立供电的发电设备，只给各自的工厂供电，其相关资源也只为单个应用提供服务。设备的投入是以满足峰值需求来设计，故资源的利用率比较低，据统计，只有 15%~20%。传统的数据中心资源利用率低，投资成本大，管理难度也大。

云计算需要大量的 IT 资源，传统方式显然不能适应其要求。解决办法就是采用资源池的方式了。就像中央电厂，由数据中心

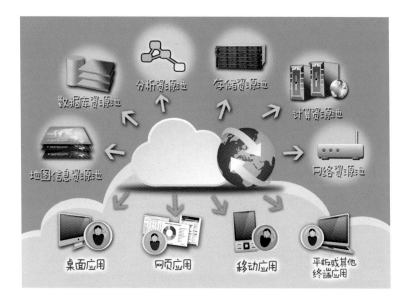

统一进行资源建设，通过虚拟化技术，对资源进行集中和优化管理，然后按需提供给用户。用户不再需要自己建设资源，只需要像使用电力资源一样，连接上网络，就可以使用资源池的资源了。

在资源池方式中，应用系统不再与资源捆绑在一起。资源以共享的方式提供服务。用户共享资源池中的 IT 资源，一台服务器可能提供给几个用户使用，存储设备也是一样。用户可以根据业务情况弹性申请资源，如业务高峰期增加服务器，业务空闲期减少服务器。这样，就不必为短期的使用而投入大量设备。而在数据中心方面，由于是大量用户共享，用户的业务高峰期一般不会都重叠，所以，IT 资源不用满足所有用户的高峰需求。

资源池还具有良好的扩展性。由于业务的增长，用户对 IT 资源的需求也不断增加。资源池具备动态扩展能力，可以根据应用需求动态增加 IT 资源，而不会影响用户的使用。

计算机常用障眼法——虚拟技术

魔术师大卫·科波菲尔在纽约自由岛的自由女神像前升起了一幅巨大的幕布，几秒钟后当幕布落下时，自由女神像神秘消失了。在场观众无不拍手称奇。魔术师用的是障眼法，把真实的场景"掩盖"起来，代替的是另外一个虚拟的场景。在计算机里也有这样的一位魔术师，那就是虚拟化技术，简称虚拟技术或虚拟化。

虚拟技术是整合计算机资源的一种常用技术，整合后的资源（称为逻辑资源或虚拟资源）比整合前的资源（称为物理资源或真实资源）更强大，但使用方法与整合前的物理资源一致。

让我们举一个常见的虚拟化的应用实例：当我们的电脑同时打开很多程序，或打开很占内存的程序时，可能会出现这种提示："你系统的虚拟内存不足，请……"这里的虚拟内存，就是虚拟化的一种类型。内存虚拟化是指在硬盘中划分一部分空间出来，

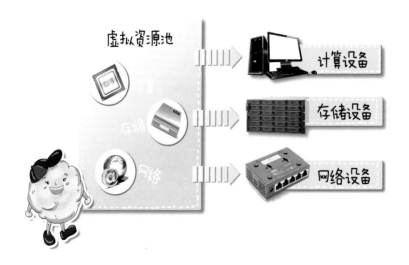

作为内存的一部分，用来存储真实内存放不下且暂时不用的数据，当程序要使用这些数据时，再把这些数据从硬盘转移到内存。这种技术把硬盘的一部分虚拟为内存，从而扩大了内存。

为什么会这样神奇呢？是因为电脑安装了一个内存虚拟化软件。它把内存空间及硬盘空间整合起来，变成一个大的虚存空间，同时，又像魔术师的障眼法那样，把硬盘空间掩盖起来，"欺骗"了使用者。可见虚拟化技术实际就是软件技术的一种应用。

一般说来，虚拟化技术包括各类软硬件资源，从硬件资源、操作系统、应用程序等，都可以进行虚拟化。资源不同，虚拟化技术也不同，所以虚拟化技术按虚拟对象的不同，可分为服务器虚拟化、存储虚拟化、网络虚拟化、应用程序虚拟化、桌面虚拟化等。以下介绍几种常用的虚拟化。

服务器虚拟化

服务器虚拟化是指在一台物理主机上运行一台或多台虚拟机（VM），虚拟机是通过虚拟技术营造出来的具有完整硬件功能的逻辑计算机系统。各个虚拟机互相独立，虚拟机可以运行各自的操作系统。对外部用户来说，他在虚拟机上看到和感觉到的效果与运行在独立的物理机器上的效果没什么差别。

服务器虚拟化的本质是使用虚拟软件在物理机上虚拟出虚拟机。多台虚拟机共用一套物理资源，如 CPU、内存、I/O、网络接口等。一台机可以变出多台机，所以使用服务器虚拟化，可以充分发挥服务器的性能。例如，某企业拥有一台性能优良的服务器，但当前只运行了一个基于 Windows 操作系统的财务管理系统，运行这个系统只占用了服务器 20% 的性能，大材小用。当企业准备

启用一个基于 Linux 操作系统的办公自动化系统时，就可以通过
虚拟化技术，在原机上生成一个 Linux 的虚拟机，办公自动化系
统就安装在虚拟机上。这样，虽然只有一台物理机，但通过服务
器虚拟化，"变"出了一台新机器。若还要增加新系统？不怕，
只要物理机性能足够，再"变"就是。

服务器虚拟化还有另外一种情况，就是把许多低性能的小服务器，变成一台或多台高性能的虚拟服务器，满足用户大计算量的需求。这也是云计算技术的初衷。

云计算向用户提供服务器租用服务时，通常都以虚拟机的方式提供给用户。

应用程序虚拟化

我们知道，要在电脑上使用一个程序，首先要在电脑上安装这个程序，安装程序会先检查电脑环境是否满足程序的运行要求。如果条件满足，就会将程序安装在电脑的硬盘上；如果不满足，安装程序可能会提醒你："当前操作系统的版本与软件不兼容"，结果是你不能在该电脑上使用这个程序。使用应用程序虚拟化就可以解决这个不兼容问题。

应用程序虚拟化是在操作系统之上建立一个虚拟环境，这个环境提供程序运行所需的条件。这时，程序不是安装在本地电脑上，而是安装在远程服务器上，当要运行程序时，再将程序传送到本地电脑，在虚拟环境上运行。应用程序虚拟化将应用程序和操作系统分离，应用程序的运行不再依赖操作系统和底层的硬件，使得应用程序可以运行在不同的应用终端上。

企业可以通过使用服务器虚拟化，节省了服务器的投资。如果使用应用程序虚拟化，又有什么变化呢？没有应用程序虚拟化前，要使用财务管理系统，技术人员需在每台使用该系统的机器上安装该财务系统程序，系统要升级，技术人员又得帮每台机都升级程序。要上办公自动化系统，技术人员又得跑一趟。使用应用程序虚拟化后，技术人员只需在每台机器上安装一个虚拟程序客户端，以后所有的更新，都不用跑现场，只要在服务器上配置就可以了。

使用虚拟应用程序，程序的安装、更新、删除都在服务器上完成，这些工作对用户是完全透明的，简化了软件的配置过程。

网络虚拟化

试想一下两个场景：当你下班回家，想要连接回单位的办公系统继续工作；分别在不同城市的分公司想要使用部署在总公司

的财务系统。在这两种情况下，他们的数据通信都要经过不安全的外部网络。要进行安全的网络传输，就要使用网络虚拟化技术了。

网络虚拟化有两种，一种是将一个大的局域网络划分为若干个小的虚拟局域网络（VLAN），另一种是虚拟专用网（VPN）。通常我们认为局域网是相对安全的网络，例如我们会认为公司内部的网络是安全的。但是，为了更安全，我们希望可以将公司的局域网络再细分，如财务部、销售部等部门都各自组成一个局域网，这时就可以使用虚拟局域网了。划分虚拟局域网的目的是出于安全考虑，将信任的机器和不信任的机器区分开来。通过虚拟专用网，

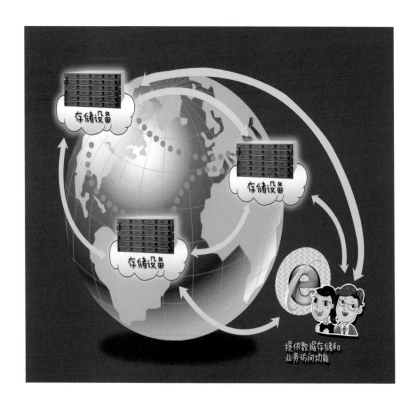

能将两个不同地域的局域网络连接起来，就像一个局域网一样。如上述场景的总公司与分公司的网络，通过使用虚拟专用网技术，就能连成一个安全的大网络了。通过使用虚拟专用网，将家里的电脑连接到单位的网络，就可以如同在单位使用电脑一样了。

3 分布式处理技术实现云存储

何谓云存储

存储技术不断发展，但需求也以更快的速度增长。如谷歌在2012年6月宣布其邮件系统 Gmail 的用户数达 4.25 亿。谷歌为其每个用户提供 7GB（7×10^3MB）的存储空间，按极端的算法，每个用户都用尽配额，则总的存储容量要达到 3 000TB（7×10^9MB）。如此大的用户数，同一时间的邮件处理量也是巨大的，而且用户的数量每天还在增长。这么巨大的存储要求，传统的存储设备无论是在容量、速度、数据管理等方面都是无法满足的。在这种情况下，云存储应运而生。

云存储是一种存储技术，它通过集群应用、网格技术和分布式处理等技术，将数量庞大、分布在不同地域、类型不同的存储设备整合起来使之协同工作，共同对外提供数据存储和业务访问功能。

云存储不再是一个简单的存储设备，而是一个完整的系统架构。它由网络设备、存储设备、服务器、应用软件、访问接口和客户端程序等多个部分组成。其中存储设备是云存储最基础的部分，且数量巨大，分布在不同的地域，通过虚拟化技术组合在一起。

分布式处理技术在实现云存储中的应用

我们知道，分布式计算是将一个大的任务分成许多小任务，分发给不同的计算机处理，由多台计算机来完成一个大任务，以获得较快的处理速度。分布式处理技术同样也可以应用在云存储中。

分布式存储是指将数据分割为若干部分，分别存储在不同的设备上。这些设备可能不在同一地点。这时候，机器不再与存储设备直接相连，而是通过网络，通过使用应用程序访问接口来使用这些存储设备。

通过使用分布式存储，可以获得比本地存储更高的性能：

高扩展性，分布式存储可以使存储设备按需增加，满足随时增长的存储要求；

高传输速度，将数据分散存储，避免了单台服务器网络带宽的瓶颈，提高传输速度；

高可靠性，数据被复制为几个副本存储在不同的服务器上，单台服务器的故障不影响数据安全。

要将数据分散存储，而又能进行有机整合，高效管理，那就要使用分布式文件系统了。分布式文件系统是指可以通过网络访问存储在多个存储设备中的数据的文件系统。

分布式文件系统

　　分布式文件系统由来已久，20世纪七八十年代已有产品出现，如网络文件系统（NFS），网络文件系统的核心就是计算机系统之间的文件共享，客户机连接到共享计算机上，像访问本地硬盘一样访问远程机器硬盘。

　　应用和需求不断变化，存储设备和环境也越来越复杂，简单的文件共享已不能满足需求。所以，文件系统也一直不断发展。现阶段说起分布式文件系统，不得不说的就是谷歌公司的谷歌文件系统（GFS）了。谷歌对外提供多项的云计算服务，除了前面提到的搜索引擎、电子邮箱，还有谷歌地球、谷歌应用等一系列的云计算服务。这些服务都需要庞大的存储空间。谷歌在2000年就研发出自己的分布式文件系统——谷歌文件系统。谷歌文件系统是一个可扩展的分布式文件系统，用于大型的、分布式的、对大量数据进行访问的应用。与其他采用昂贵存储设备的系统不同，谷歌采用的是由大量廉价硬盘和服务器组成的海量存储系统，具备容错、复制功能，能提供总体性能较高的可靠服务。

　　2003年，谷歌以论文的形式公开了其文件系统的设计和实现方法，让人们得以了解其神秘的内幕。其设计思想也被其他公司借鉴，开发出类似的大容量分布式文件系统。

4 并行处理技术
——大数据处理的利器

信息爆炸催生大数据时代

如果说现在是信息时代，你会同意；如果说现在是信息爆炸时代，你也会同意；如果说你每天的活动会产生不少信息，为这信息爆炸添砖加瓦，你可能就会疑问了：我有吗？那是肯定的。

你在上班的路上看到天气很好，用手机拍下来，发到微博上，这就产生了信息。坐公共汽车用羊城通付款，会在羊城通公司的数据库留下信息。上班后向客户发送电子邮件，编写工作文档，也产生了信息。下班回家浏览网页，通过网络进行购物，也会产生信息。可以说，信息的产生伴随了你的日常生活。相对于你产生的信息，你接受的信息那就更多了。你每天通过电视、报纸、网络、广播接受的新闻、资讯等数不胜数。这些只是我们能接触到的信息，还有大量我们不知道的信息每时每刻都在产生。所以说这是一个信息爆炸的时代。而信息和数据有什么关系呢？数据是信息的一种存储方式，所以信息量越多，数据量也越大。

我们通常说数据量巨大，究竟巨大到什么程度呢？看看下面的数据就知道了：咨询公司麦肯锡估计，2010 年全球企业在硬盘上存储了超过 7EB（7×10^{12}MB）的新数据（一个 EB 相当于美国国会图书馆中存储数据的 4 000 多倍）。同时，消费者在个人电脑和笔记本等设备上存储了超过 6EB 新数据。不但数据量大，数据增加的速度也快得惊人。据国际数据公司（IDC）统计，2008 年全球产生的数据量为 490EB，2009 年为 800EB，2010 年为 1 200EB，2011 年为 1 800EB。人类真的要被数据淹没了！这就是大数据时代。

大数据时代的数据具备 3 个特征：

数量大。这是最基本的，有大量的数据才能叫做大数据，通常数据量至少达到 PB 级或 EB 级，甚至 ZB 级。

样式多。由于多媒体技术的发展，数据呈现多样化。除数字、文字外，还有表格、图形、图像、声音、视频等，而且后者的比例不断上升，甚至逐渐占据主导地位。

速度快。是指数据的产生速度快，时效性强，对数据的分析处理、存储都要快。

小知识

信息、数据、数据量

信息是指自然界或社会中产生的人、事、物。例如，某个国家选出谁当总统，某个地区发生了地震，某个小区建起了一座豪华的住宅，等等。数据则是表示信息的媒体。数据包括数字、符号、文字、表格、图形、图像、声音、视频等，统称为多媒体。例如表示一栋住宅，建筑商可用二维或三维图形表示它的结构；开发商可用视频录像及声音对它进行宣传推介；管理部门则要用表格登记业主的人数及相关情况。所以，信息和数据是密切相关又相互区别的两个概念。

在计算机系统里，一切数据都表示为二进制数字，数据量用二进制数的数量来表示。由于一个二进制数的基本长度是 8 位（8bit，简写 8b），8 位二进制组成一个字节（Byte，简写 B），因此数据量用字节数来表示。例如，MB 表示数据量为百万字节（10^6B）。目前数据量常用的单位是：MB、GB（10^3MB）、TB（10^6MB）。对于大数据量，则用 PB（10^9MB）、EB（10^{12}MB），甚至 ZB（10^{15}MB）。

开发"新石油"的伟大战略——大数据处理的意义

2012年的美国总统选举奥巴马胜出。其后不久，媒体披露了奥巴马获胜的一个关键原因：大数据的挖掘。奥巴马的竞选团队有一支由几十人组成的数据挖掘团队，为他的竞选活动收集、存储和分析大量的数据。通过数据分析，为竞选活动出谋献策。例如他们注意到影星乔治·克鲁尼对美国西海岸40~49岁的女性具有非常大的吸引力。她们是最有可能为了在好莱坞与克鲁尼和奥巴马共进晚餐而花钱的一个群体。根据这个分析，一个与克鲁尼共进晚餐的筹款活动举行了，这个活动筹得了1 500万美元。通过

类似的分析和决策，共为奥巴马的竞选活动筹得了10亿美元的竞选经费，大大超出了预期。另外，数据挖掘团队通过对选民数据和投票倾向分析，以及进行模拟投票，从而对投票结果进行预测，以制定竞选策略。这些以数据为驱动的竞选策略为奥巴马的获胜起到了重要的作用。有人甚至说大数据左右了美国的政界。

美国政府早就意识到大数据的重要性，将其比喻为"未来的新石油"，认为数据将成为像石油一样的新资源。2012年3月，白宫发表了"大数据研究和发展倡议"，以改进"通过收集、处理庞大而复杂的数据信息，从中获得知识和洞见的能力"。同时，美国国家科学基金会、国防部等6个联邦部门和机构答应将投入资金超过2亿美元来大大改善从大数据中获取知识所必需的工具和技能，以应用在科学发现、环境和生物医学研究、教育和国家安全等方面。几个部门都发布了自己使用大数据的研究计划。

传媒和一些IT公司、咨询研究公司对大数据也进行了大量的报道和研究。他们预测："大数据将引发新的智慧革命：从海量、复杂、实时的大数据中可以发现知识、提升智能、创造价值。"麦肯锡公司认为："只要给予适当的政策支持，'大数据'将促进生产力增长和推动创新。"他们都对大数据的重要性给予充分肯定。

　　通过对大数据的有效利用可以创造巨大的价值，对企业经营、国家决策乃至全球都有重要的意义。政府和机构，通过对相关数据进行分析和预测，作为制定决策的根据。这叫做数据驱动型决策。在联合国内部，目前正在推动一项名为"全球脉动"的计划，对来自数字传媒、博客、社交网络的数据进行筛查，希望能预测某些地区的失业率、支出削减和疾病爆发等现象，通过早期预警来指导援助项目。例如，通过对社交网络中的数据进行分析，当发现某些关键词出现的频率突然增大，就可能预示某件事件的发生：当社交网络提及粮食或种族冲突，那就可能预示爆发了饥荒或者国内骚乱。对于企业来说，通过使用大数据以及挖掘数据中的商业价值，能为企业带来巨大商机。如零售企业通过对顾客行为进行分析，从而决定商品的销售策略。

小蚂蚁再立新功——并行处理支持大数据处理

　　大数据的量非常大，要处理大数据就要耗费一定的时间。但大数据又要求处理速度要快，不可能用一台机器慢慢算几百天才得出结果，这样出来的数据可能已失去意义。所以，提高数据处理速度是大数据应用的一个关键。

　　要快速处理大规模的数据，有两种方法可以选择：一是增强单台计算机的处理能力，如增加处理器的运算速度或增加处理器的数量；二是增加计算机的数量，让多台计算机同时处理。单台计算机的运算速度是不能无限增加的，并且费用昂贵。可行的方法就是增加处理数据的计算机了。一只蚂蚁可能啃不下骨头，但无数的蚂蚁呢？

　　前面介绍小蚂蚁成就了超级计算机，而在大数据处理中，小

蚂蚁也能发挥重要作用。在这里，小蚂蚁不再是处理器，而是普通性能的计算机。由大量的计算机共同工作，进行数据处理，以加快数据处理速度，这也是并行处理的一种方式。

并行处理分为两种形式，一种是将一个复杂任务分解为不同的功能部分，分别由不同的计算机来执行，每台计算机执行的程序都是不同的，就像工厂里的流水线；另一种是将海量数据分拆为小数据，然后将小数据分配给不同的计算机来处理，每台计算机都执行相同的程序，不同的只是处理的数据。而在云计算中进

行大数据处理所用的并行方式通常是后一种。

并行处理通过使用廉价的计算机集群来提高运算能力。大型主机价格昂贵，同样的成本下，采用廉价的计算机集群可以获得更高的运算能力。并行计算还有一个优点就是可以提高容错能力。对于单台大型主机来说，机器故障（虽然这种情况很少发生）就会导致系统的运行停止；而对于具备几百甚至几千台机器的集群来说，几台机器的故障（这是经常发生的）并不影响系统的正常运行。谷歌在设计它的并行处理系统时，就认为故障是常态，是正常的，它有足够的措施来保证部分机器的故障对整个系统的工作是没影响的。

谷歌公司的 MapReduce 技术在大数据处理方面有着过人的优势，它是一种并行编程模型，是谷歌云计算系统架构的核心技术，是用来对谷歌搜索引擎几十亿的网页信息进行检索、排序的利器。2008 年 2 月，雅虎公司一个具有 910 个计算节点的并行处理群集系统在 209 秒内排序 1TB 的数据，打破了原 297 秒的纪录，成为当时排序 1TB 数据最快的系统。我国的联通公司建设的一个处理用户通信记录的数据存储和查询系统，通过采用并行处理技术，使得查询速度非常快，在 1 200 亿条数据当中检索一个用户数据所费时间小于 1 秒。这些都是并行技术在处理大数据方面的成功例子。

小知识

并行计算技术

要对数据进行并行计算，首先要判断数据是否适合进行拆分处理，因为不是所有的数据都能进行拆分处理。某些进行递归处理的数据，前后的数据有依赖关系，必须计算完前面的数据，才能进行下一个数据的计算。如斐波那契函数：$F_{k+2} = F_k + F_{k+1}$，只有计算完前面的两个数，才能得出第三个数，进行下一步的计算。这样的数据就不能进行并行计算了。但如果是要计算从 1 加到 10 000，由于数据间不存在依赖关系，则可以进行拆分处理了。如将 1 到 100 的求和任务分配到 1 台机器上执行，200 到 300 的求和任务交给另一台计算机……这样，就可以将一个大的数据分成若干个，分配给不同的计算机来执行同样的计算任务，最后汇总结果，完成计算任务。当然，这是一个极简单的例子，实际要处理的数据无论数量和复杂度都大很多。如要在 10TB 的资料里搜索某个信息，或是处理电信公司每天上亿的用户通话记录，在这种情况下，并行计算就显出它的优势了。

三　云彩多姿

——云计算的类型

天空上的云彩千姿百态，人间里的计算云五彩缤纷：公有云、私有云、混合云、基础设施云，等等。朵朵彩云飘来，令人目不暇接。它们是怎样的云，有什么用处？如何使用？你打算乘坐什么样的云？

通过互联网可以看到一百多年前出版的报纸，这应该是很吸引人的事情。《纽约时报》开展了一个叫"时光机器"的计划，将从 1851 年以来的 1 100 万篇纸质报道转变为数字文档，放在互联网上，供人浏览。1 100 万份文档的转变工作量相当巨大，如果靠报社自己的力量，也许要数月或数年才能完成。但是有云计算提供的服务，工作就变得很简单了，《纽约时报》为此租用了亚马逊的云计算服务。亚马逊公司提供了数百台服务器同时进行这个工作，奇迹般地在 36 小时内就完成了这项繁重的工作。亚马逊公司提供的这种云服务叫做基础设施服务，这种云，称为基础设施云。

1 你的云与我的云

在不同的场合按不同的角度，可以为云计算的"云"给出不同的分类。例如，按云的服务类型可以分成设施服务云、平台服务云和应用服务云；按功能可以分为游戏云、电子商务云、数据库云、网站云；等等。不过比较常见的是按云的使用者范围分为：公有云、私有云、混合云和行业云。

公有云

公有云 (Public Cloud) 是一种对公众开放的计算资源服务，

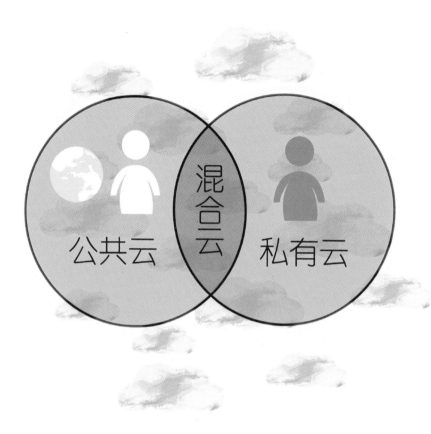

它由云供应商建设并运营，通过互联网向个人用户或团体用户提供服务。我们也许在不知不觉之中使用着公有云的服务，如日常用的电子邮件、网盘等很可能在公有云平台上运行。

公有云一般的规模都比较大，可以支持巨大的工作负载以及庞大的用户访问量。由于规模大，使得公有云可以更有效地利用资源和提高资源利用率。加上规模效应使得公有云的服务价格相对低廉。由于要向各种各样的公众用户提供优质服务，公有云的功能一般也比较全面。如：支持各种主流操作系统和成千上万不

同的应用功能。

我们日常用到的云邮件、云盘只是公有云面向最终用户的功能。但云中提供的功能远远不止我们平时看到的这些。公有云真正有什么用途呢？

首先，最基本的用途就是向企业提供基础设施即服务。通过该服务，企业可以在云端租用虚拟的服务器、存储、网络带宽等IT基础设施。不同的企业租用公有云的基础设施资源可能会有不同的目的。

一是作为企业内部的信息资源使用，最终用户都是内部员工。例如：企业在虚拟服务器之上运行企业资源计划（ERP）等企业内部的管理软件。这种模式的目的主要是降低企业IT设施的初始投入成本与运行维护成本。是一种比较彻底的IT外包方式。

二是作为企业对客户服务的信息设施资源。在这种方式中，企业在租用回来的云设施上运行特定的业务系统，这些系统的用户除企业内部员工外，还有企业的客户。利用云运营商的网络覆盖能力，企业客户可以获得"就近"服务，降低网络延时，提高服务质量。

第三种方式比较有趣，企业在租用回来的设施上开发或安装自己的软件来为公众服务。这个企业可以直接也可以委托云运营商向其他企业或个人出租它的软件。这样对于云来说是丰富了它的功能和服务，对于企业来说也可以"站在巨人的肩膀上"利用云运营商的市场能力来快速拓展自己的业务，形成多赢的商业链。我们把这种企业称为云平台的二级运营商。

公有云的第二种用途是平台即服务。这种服务是向软件开发者提供了云平台应用的开发环境、开发工具以及工作功能模块的开发接口，使得软件开发者可以快速地开发云应用。在上面说的第三种方式中，如果有了平台即服务，开发企业就不需要再关注负载均衡、用户计费等繁琐的事务，而是专注于程序逻辑本身，加速软件的开发。

公有云的第三种用途是软件即服务，就是提供软件租用，这是我们平时最常看到的服务。软件即服务可以由云运营商直接提供，也可以由二级运营商提供。后面两种用途我们在以后有详细的描述。

公有云在规模、功能、成本等方面具有明显的优势，受到绝大部分用户的欢迎，尽管在数据安全方面大家对它还不太放心，但从发展的角度看，公有云肯定是云计算的主流模式。

档案

现在有什么公有云

许多国际 IT 巨头都推出了公有云服务。较著名的有：亚马逊 Amazon AWS，微软 Windows Azure Platform，谷歌 Google Apps & Google App Engine 等。国内中国电信、盛大、世纪互联等也已经宣布提供公有云服务。

私有云

政府及一些大型企业由于多方面因素限制，短期内很难大规模采用公有云服务。可是他们都有庞大的计算资源需求，也期望通过云技术来简化管理、提高配置效率以及资源利用率，所以他们纷纷建起了私有云（Private Cloud）。

顾名思义，私有云是为一个组织机构单独使用而构建的为机构内部提供服务的云。这个组织机构是私有云的使用者也是拥有者，因而可以对数据、安全性和服务质量进行最有效控制，使数据安全得到了最大的保障。该机构拥有云的全部基础设施，并可以控制在此基础设施上部署应用程序的方式，因此私有云可以更好地与现有管理流程进行整合。

除了数据安全的保障外，服务质量高也是私有云显著的特点。因为私有云部署一般在应用机构的内部网内而不是在某个遥远的数据中心，用户访问云服务不会受互联网偶发异常的影响而非常稳定。此外云上部署的应用也是相当稳定的，这都有利于私有云保持高水平的服务质量。

私有云可部署在使用机构数据中心的防火墙内，也可以将它们部署在一个安全的主机托管场所再通过专用数据线路与机构办公地点相连。与传统的数据中心相比，私有云可以使基础设施更有弹性更易于扩展与管理，同时各种 IT 资源得以整合及标准化从而降低 IT 架构的复杂度。

构建私有云可以有多种形式。最简单的就是购买整体解决方案，如 IBM 等专业公司可以提供从硬件到软件到建设再到运维的完整解决方案，只是这种形式建设单位的选择余地不大，日后系统的升级、扩充都会受到厂家的较多牵制。

其次的形式是购买云平台软件，这种方式可以最大限度地利用现有的设备资源，厂家有较多的选择，系统扩展的自主性较强，但需要做比较多细致的整合工作。

终极形式是采用开源的云平台自己建设，实际上现在不少著名的云平台都是在开源软件的基础上建设的。这种模式需要建设单位拥有较强的技术力量，但优点是不容置疑的：云完全掌握在自己手里。

欢迎使用，大家共享！

源码公开！

混合云

混合云 (Hybrid Cloud) 是把公有云与私有云结合到一起的方式。用户把安全性要求高的关键数据及应用部署在私有云上，把相对不太敏感的数据及应用部署在公有云上。从而取得私有云的私密性与公有云灵活、廉价的平衡。通过使用混合云，企业可以享受接近私有云的保密性和接近公有云的成本，并且能快速获得大量公有云的计算能力以应付突发的计算需求。

混合云一般有两种建设方式，一种是租用云供应商的私有云服务，另一种是邀请云供应商在企业内建设专供本企业使用的计算中心。混合云的操作和管理比较复杂。

行业云

行业云 (Industry Cloud) 主要是指专门为某个行业的业务设计，并且供同行业多个企业共同使用的云。比如说游戏云，它可以提供大量不同种类游戏的开发平台，游戏开发团队可以根据自己的创意利用平台快速开发出自己的游戏。游戏开发完后完全可以由云平台进行经营，完成游戏的市场化。

行业云的生命力在于鲜明的行业特点。目前行业云还是以概念居多。

2　设施服务云

3天添加3000台服务器的传奇

2006年，一位美国的年轻人史蒂维·克里弗顿成立了一间叫Animoto的公司，公司的业务是在网上提供一种服务，用户可以上传自己的相片和音乐到网站上，网站会将相片和音乐合成属于用户自己的独特视频。由于资金短缺，克里弗顿不能购买大量的服务器运行他的网站，只能按照顾问公司建议使用亚马逊公司的服务器租用服务。

此后公司的业务一直都平缓地增长，直到 2008 年 4 月，克里弗顿的软件成为大型社交网站脸谱（Facebook）的一个应用后，用户量急剧上升，最快时 3 天内用户访问量从每天的 5 万上升到 25 万。要为这些急剧增加的用户提供正常服务，需要大量的计算能力。亚马逊为其不断增加的用户而增加服务器，3 天内，从 5 万用户的 400 个服务器实例增加到用户为 25 万用户时的 3 400 个服务器实例。

依托亚马逊高效的服务器租用服务，Animoto 顺利地经受了"用户洪峰"的考验，公司也发展到了一个新的高度。亚马逊公司的这种向用户提供服务器租用的服务方式叫基础设施即服务（IaaS）。它是指把 IT 基础设施，如服务器、存储、带宽等，作为一种服务通过网络对外提供。如果按功能划分，我们可以把提供基础设施即服务的云称为基础设施云。

买机不如租机，租机不如租服务

以前，当我们想要提供互联网服务时，要做的工作是购买服务器，向电信公司租用网络线路，安装操作系统，搭建应用平台，然后才能提供服务。当业务量增大时，就要再购买服务器，扩充网络带宽。随着业务量的增加，对服务器和带宽的需求也增大。这时，有条件的企业就成立自己的数据中心，无条件的企业对维护这些设施感到力不从心。于是就出现专门进行主机托管的数据中心，用户将服务器托管在数据中心机房，数据中心为其提供服务器运行的物理环境、网络带宽等。数据中心同时也提供服务器出租服务。无论是自己的数据中心还是服务器出租和主机托管服务，都有一个缺点，就是不能快速扩展。服务器的购买和带宽的增加都不是一两天能做到的。碰到 Animoto 公司的情况，要在 3 天时间内增加 3 000 个服务器，并快速部署，让其能提供服务，那就无能为力了。

而基础设施即服务则能很好地解决这个问题，其无论在技术、成本、规模和灵活性等方面都比传统的数据中心好很多。通过使用这种服务，用户不需要购买大量硬件，而是以低成本租用的方式获得这些资源，并能根据需求，灵活快速地进行资源的增加和缩减。如果不使用这个服务，Animoto 公司要靠自己的力量在极短的时间里部署出应付如此大量的用户的硬件设施，那是"不可能完成的任务"。

通过基础设施即服务，客户还能充分发挥运营商在全球不同地区、不同网络的服务器覆盖优势。租用服务的客户可以根据自身的业务及用户分布，灵活地增减在不同地区、不同网络的设施数量和配置，使自己的用户能够"就近"地享受服务，从而提高响应速度、减轻网络负担，使用户有更好的体验。这种设施配置都可以通过运营平台的控制软件完成，实现了灵活方便的跨地域设施管理，使得小公司也能拥有全球的网络覆盖。

基础设施即服务提供的是服务器、存储等硬件设施，在整个云计算服务体系中是属于底层的服务。虽然是硬件设施的租用，但用户并没有看到一台台的服务器实体，甚至不知道他使用的服务器是存放在哪个地方。

基础设施云的实现与应用

基础设施即服务的实现需要用到前面我们介绍过的虚拟化技术，如服务器虚拟化、存储虚拟化等。服务器租用通常都是以虚

拟机的方式来提供给用户，用户可"定制"符合自己应用需求的服务器，如 CPU 的数量、内存的多少、硬盘的大小等。通过虚拟化技术以及资源使用的共享方式，将同类型的物理资源组成一个巨大的资源池（如计算资源池、存储资源池），按需分配给用户，从而提高了资源的利用率。分布式存储技术也是实现基础设施即服务的一项重要技术。分布式存储能实现海量数据的存储，同时保证数据的安全性和可管理性。

基础设施即服务实现了对资源的自动管理和分配。用户可以在网上申请所需资源，用不了多长时间，就能获得所申请的资源，并使用这些资源了。

基础设施即服务是按资源的使用量来收费的。收费方式比较灵活，收费的计量包含两个标准：一标准是按资源的使用时间来计费，可以按月、日、小时来收费；另一标准是按资源的类型和数量进行收费，如处理器的数量、存储空间的大小（以 GB 计）、网络带宽等来计算。服务器的租用最小的计费时间可以是小时。如上面的 Animoto 由于每天每小时的用户数据量是不同的，它租用的服务器数量也是不断变化的，它只需为每小时实际使用的服务器数量来付钱，而不是以高峰时段的服务器数量付一天的租用费。

亚马逊是最早提供该类服务的公司，我们在第一部分介绍过，在 2006 年，亚马逊将自己平时空闲的服务器向外提供租用，并将其命名为弹性计算云（EC2）。亚马逊的云计算服务架构叫做亚马逊网络服务（Amazon Web Services），它由一系列的云服务组成，通过这些云服务，用户能使用亚马逊的云基础设施。

3 应用服务云

软件，说爱你不容易

如果企业准备通过电脑进行客户关系管理，也就是要建立一套客户关系管理信息系统。大家会建议企业怎么做呢？

最传统的做法是，先在公司开辟一个叫"机房"的区域，配上最稳定的电源、最强大的空调和最严密的保安，然后精挑细选一台心仪的服务器"供奉"在机房里。这个过程中要协调装修、供电、消防等复杂的环节，还要在不同厂家如幻如烟的参数指标里选择最合适的产品，稍不留神就可能误信奸商被黑一把，真是劳心劳力！然而，我们只是完成了"万里长征的第一步"，更艰巨的任务还在后面。

是购买现有的软件产品还是委托软件公司开发？这是大多数准备建立管理信息系统的企业都纠结过的问题。购买现有的产品最大的好处是时效高马上可以用，而且软件功能已经做好可以比较直接地判断是否符合企业的需要。然而缺点也很明显：产品化的软件难以根据企业的特殊需要做出相应的修改。这往往会产生买回来一堆从来不用的功能，而想要的功能又没有的尴尬局面。

委托软件公司开发，可以完全根据企业的需要进行软件定制，使得软件用起来最"顺手"。就像度身定做衣服一样，完全贴合自己的身材。但这种定制开发的方式开发周期长，而且最终的软件质量很大程度地取决于开发者的能力水平，所以项目风险比购买软件高得多。

好不容易软件做好了，各个部门都用起来了，是否可以松口气呢？抱歉，还不行！再好的服务器也会坏，再优秀的软件也会有"虫子"（Bug，错误）。老虎也有打盹的时候！我们还要时刻关心软硬件的"健康"，进行不间断的维护，发现问题及时处理，把故障消灭在萌芽状态，保证业务系统的不间断运行。这就是贯穿于整个信息系统生命周期的运行与维护服务，一般人们把它简称为"运维服务"。有专业公司做过统计，运维费用往往占整个信息系统投入的 60% 以上，所以千万不要小看它。

建立一套管理信息系统投入的资金少则数万，多则过千万，不少公司都抱有一劳永逸的幻想。然而当公司的业务发展了，原来的服务器会不堪重负就需要购买新的性能更高的服务器，软件功能可能也会不够用，需要购买或开发新的软件。于是一切又回到原点。这就是传统软件应用模式的辛酸——软件，说爱你不容易。

以服务暗渡陈仓

随着互联网技术的发展和应用软件的成熟，有些软件公司开始把他们的产品安装到互联网的服务器上，用户只需要支付一定的租用费就可以通过互联网使用这些软件。这就是 20 世纪末出现的应用服务提供商（ASP）模式。在这种应用模式中，用户只需要付费就可以使用软件，机房、服务器等全部是服务商的事情，用户甚至无需知道服务器放在什么地方。服务器的维护升级、数据备份等都可以交由服务商完成。这样，用户就可以完全从软件运行环境维护工作中解脱出来，专注于业务系统本身。此外，由于服务商集中管理服务器、软件等资源，可以使运行环境、维护人员等资源达到最大限度的复用，有效降低了单位拥有软件成本与维护成本，从而可以大大降低用户的软件租用成本。

正是由于服务提供商模式在效率和成本上的突出优势，越来越多的企业开始租用软件而不是购买。进入 21 世纪，随着软件技术的发展和应用模式的创新，服务提供商逐步发展成了软件即服务（SaaS）模式。软件即服务英文缩写 SaaS 的读音与曾经席卷全球的非典型肺炎（SARS）相似，不过两者在人们心中的地位确是天渊之别。前者大家趋之若鹜、奉若神明，成为举足轻重的软件应用模式，后者人们闻风丧胆、避之则吉。

软件即服务这个词的确有些抽象。软件和服务的概念估计大家都很清楚，软件是可以在电脑里运行的东西；服务对电脑来说是能对外提供的一些功能或能力，对人来说是可给人带来某种利益或满足感的一种或一系列活动。如果要想象如何把它们等同起来，估计不少人的脸会拉得像长江一样长，甚至有些专业人员都说不清其中的玄机。

别急，下面的例子将帮助大家更深入地了解软件即服务的含义。有个小企业的老板为了提升自己的企业形象，决定要用自己公司域名的电子邮箱代替人人都可以随便申请的免费电子邮箱。如果在早些年，他只能购买邮件服务器再安装邮件服务软件去实现这个愿望。显然，这需要专业技术人员并投入大量的资金才能实现，一般中小企业只能望而却步。但这个老板却非常幸运，他生活在当今互联网高度发达的时代。目前，多家网络运营商都提

软件即服务方便了企业
提高了公司效率！

供了"企业电子邮箱"服务，他只要网上进行简单的登记，甚至一分钱都不用花就拥有了自己公司的电子邮件系统。

在这个例子里，企业电子邮箱服务取代了邮件服务软件去实现了老板的愿望。通过企业电子邮箱服务，老板可以给自己的员工开设公司的电子邮件账户，员工离职后可以及时回收。企业的所有商务邮件都使用公司域名的邮件地址，有效地提高了公司的形象，实现了与购买电子邮件服务软件同等的功能与应用目标，这就是软件即服务。

软件成为服务的历程

细心的读者也许会问，服务提供商时代和软件即服务时代都是花钱"用"软件，这两者有什么不同呢？的确，这两种服务模式对于用户使用的体验来说的确没有显著的差别，但是从软件技术和软件运营模式的角度上看，却是经历了巨大的转变。让我们一起探讨软件即服务模式中一些鲜为人知的秘密吧。

在软件即服务发展的初期，还没有软件运营的概念，软件公司只是把现有的软件经过适当的改造安装到互联网服务器中租用给客户。而这家软件公司就称作应用服务商了。为了节省成本，软件公司可能在一台服务器上安装多套软件为不同的客户公司服务，尽管这些软件的功能是相同的。

为什么要这样呢？我们还是以邮件系统为例。通常，一套软件都有个至高无上的账号叫"管理员"，管理员账号可以使用软件的所有功能。在邮件系统中，一般用管理员账号来开设其他普通电子邮件账号。这样，一套邮件系统只能由一个公司使用。否则，具有管理员账号的公司就有可能操纵另一个公司的邮件账号，这

显然是难以容忍的。这只是其中一种简单的例子，还有很多其他技术上、管理上的原因使得传统的程序只能实现"一对一"的服务。

如果客户公司要求对软件做一些小的修改，那么应用服务商就可以修改该客户的软件实例，从而满足客户的要求。这在开始时感觉非常方便与直接，但随着时间的推移，客户数量不断增加，不同客户之间软件实例的差异就会越来越大，使得软件版本管理与升级越来越困难。

为了摆脱这一困境，应用服务商把一些客户经常需要修改的内容从程序中分离出来，分离出来的部分称为客户描述文件（Profile）。客户描述文件可以用普通的文字编辑软件进行修改，这样不同的客户只需要修改相应的描述文件就可以实现一些个性化的修改。比如说：邮件网页上显示公司的专有商标、横幅等。这样，就把各个客户运行的程序统一起来了，大大简化了管理。这就是软件即服务发展的第二阶段。

第三阶段是软件即服务走向成熟的阶段。在这个阶段中，软件公司及运营商开始对应用软件进行更深刻的改造，增加了客户管理并保证不同客户间的数据能够严格隔离。这个阶段的改造最突出的特点就是增加了应用软件的运营管理功能，并把运营管理功能与应用功能完全独立开来。我们还是以邮件系统说明这个改造过程。首先在邮件服务系统中增加一种"域管理员"的角色，域管理员只管理本域的应用事务。这样只要把租用企业邮箱的不同公司定义到不同的域，并分配不同域管理员成为这个公司的邮件系统管理员，这样不同的客户公司的邮箱虽然用同一套程序处理都不会有冲突了。其次，开发全新的运营管理平台去管理新开设的域（说明有新的公司租用了服务）、配置域的参数（如最大邮箱数、最大存储空间等）以及客户的使用统计、收费管理等。

到了第三阶段，有新的客户租用邮箱时再不需要技术人员安装新的程序了，只需要在运营平台的计算机界面上进行配置就能快速地开通服务。并且大量直观和智能的管理手段大幅度降低了日常运维的技术难度。于是软件公司逐步淡出而由专业的运营公司凭借其强大的市场覆盖能力和资金实力，对软件服务进行市场化经营，软件运营商这一全新的商业体就诞生了。所以，软件即服务我们也可以理解成软件运营，而能够支持软件即服务模式的软件称为运营软件，向公众提供运营软件服务的企业可称为软件运营商。

说了半天软件即服务还是与云计算没啥关系呀？的确，云计算太年轻了，算辈分软件即服务肯定稳坐前辈的交椅。在软件即服务向第四阶段发展时，云计算才来到世上。在上一阶段中，实

现了只运行一个应用程序实例而同时服务多个客户。但是，一台服务器的能力终究是有限的，随着客户的增加，需要多台服务器同时提供服务，这时最理想的模式就是实现多台服务器的用户负载均衡，这就是软件即服务在第四阶段要实现的目标。通过云平台的基础设施服务，运营软件可以更简便地获得及优化各种设施资源，所以云计算与运营软件是共同发展、相互促进的关系，而提供软件即服务的云我们可以按它的功能称之为应用服务云。

软件运营为世界带来什么

一种新的产业链：软件公司—运营商—用户。通过软件运营扩展了软件公司卖、用户买这种传统的软件产业链。通过运营商强大的市场覆盖能力，软件公司很好地解决了找用户的难题，有效地拓展了市场，从而可以专心地做好自己的产品；用户则通过运营商完善的服务网络得到更及时、更细心的服务；运营商通过优秀的软件产品丰富了自己的服务领域，扩充了自己的用户群。从而形成新的良性的产业链。

一种新的商业模式：软件可以按需订购。优秀的运营软件可以允许用户进行灵活的功能定制。例如：在客户关系管理中，一些小企业没建立呼叫中心就可以不使用呼叫中心模块；如果需要销售人员每天做工作汇报，就可以定制日程与简报模块。这使得用户可以最大限度地简化操作，降低租用成本。

一种控制项目风险的手段：运营软件基本上是成熟度较高的产品，能实现快速部署。比如说电子邮件等功能相对简单的软件通过试用感觉合适就可以马上使用。而一些像企业资源计划（ERP）这样的大型企业应用软件，用传统的方法开发和部署的时间往往以年计算，万一部署失败，那所有的投入几乎全部白费，企业将面临巨大的损失，这样的风险是每个企业都希望避免的。采用软件即服务模式的软件项目部署一般可以在 1 个月到几个月的时间内完成，大大缩短了部署的时间。而且用户无需在软件许可证和硬件方面进行投资，万一部署失败只是损失几个月的租用费，显然风险要低得多。

一种降低成本的方法：通过租用模式用户无需一次性支付越来越昂贵的软件授权费用。运营商将应用软件部署在统一的服务器上，免除了最终用户的服务器硬件、网络安全设备和软件升级维护的支出，甚至日常数据备份都可以由运营商通过专业的设备完成，用户只需要准备与互联网连接的个人电脑就可以通过互联网获得所需要的软件和服务。此外，当软件有新功能、新技术时只需要升级服务端运行的实例就可以实现所有用户的同步升级。

4 平台服务云

什么是平台即服务

在软件即服务（SaaS）中，可以通过客户配置、更改软件界面等方法来满足不同用户对软件的不同需求。但一些业务逻辑较复杂的软件，是很难通过配置适应不同企业层出不穷的业务流程的。还是以客户关系管理系统为例，选择不同的功能模块很容易通过客户化配置实现，但如果涉及销售业务，不同企业可能就有很不同的处理流程。例如：

A 企业销售对象是大型机床，销售流程是先签订销售合同，然后根据需要分批进行出仓，根据出仓单生成应收款。合同需要走电子审批流程。

B 企业以零售为主，销售流程就是填写销货单，直接用销货单进行出仓并生成应收款。

也许还有 C、D、E 等企业有不同的业务流程。这只是一个比较简单的例子，如果涉及企业成本核算等问题的处理，企业间的差异也许会更大。这些差异导致了企业在使用这些公共的软件服务总觉得不太"顺手"，影响了使用积极性。这也是像客户关系管理（CRM）、企业资源计划（ERP）等真正涉及企业内部业务管理的云系统难以推广使用的原因之一。

为了解决这一困境，软件厂家向客户开放了软件的基础架构，提供各种业务的外部调用接口，甚至向客户提供了开发、测试环境。这样客户就拥有了一个云业务系统的开发平台，通过这个平台客户就可以扩充原有的业务系统甚至建立自己的新系统。

作为开发人员，工作在云端，真是高效又方便！

这种把软件开发、测试、部署、运行环境以及应用程序托管当作服务提供给用户的做法就是平台即服务（PaaS）。它是一种重要的云服务。很显然PaaS是提供给软件开发者而不是一般的用户使用的。

云应用的加速器

大家可能在想：如果把现在用的软件装到基础设施即服务生成的服务器上，是否就能提供云应用呢？如果仅仅是这样的要求，不少软件特别是基于浏览器操作的软件都能实现这个愿望。但是这是不是真正的云应用呢？严格地来说，不是！因为一般的软件并不能使用云的特性，例如：可伸缩性、多租户支持、粒度资源计量等。

编写真正的云应用系统要比普通的应用程序多费不少心思。如，可伸缩性就需要系统能在多服务器群集环境下提供良好的并行服务能力，如果要由应用程序员处理将是件非常艰辛而且不一定做得好的工作。又如多租户支持，为了实现租户之间的数据完全隔离以及各租户有权进行自治，需要重新为多租户环境设计数据结构，用户管理、权限管理甚至部分程序逻辑都要重新

考虑。再如，统计不同租户对 CPU、存储等的使用情况以便作为业务分析或计费的依据。这些都是非常繁琐但不容有错的事情。

看了这些，不少人的头可能会像吃了三聚氰胺长得那么大。幸好，平台即服务向开发者提供一整套开发和测试环境，只要程序遵循相应的接口标准，程序将自动获得云的可伸缩能力，通过平台提供的用户认证及权限接口我们可以方便地进行多租户的管理。同时平台还提供了符合云平台特性的数据库服务、存储服务、队列服务以及资源使用监控计量等程序运行环境的支持，开发人员不再需要关心环境搭建、运行维护等工作，只需专注程序的编写，同时也避免了由于环境配置不正确导致程序不能正常运行的错误，大大提高了程序的开发效率。而对企业来说，不用一次性投入大量资金进行硬件设施、开发软件、运行软件的购买，系统维护的开销也大大降低。

一些平台即服务还提供了应用层的组件接口，利用这些接口我们可以很快地构建出自己的客户关系管理、企业资源计划等各种云应用，这些应用完全可以作为平台即服务对公众服务。平台即服务一般还提供了把应用部署到云上的工具，开发人员可能只需点几下鼠标，在不到 1 分钟内就可以把应用部署到多台虚拟服务器上，比起一台台安装运行环境再进行部署效率高得多。因此，平台即服务大大简化了云应用的开发与部署工作，提高了云应用的开发效率，无愧于云应用加速器的称号。

开发人员在这种模式下如何开发应用呢？通常有两种方式：一种是在线开发，另一种是本地开发。在线开发是开发人员通过浏览器登录开发网站，在开发界面进行编程。这种方式适合一些简单的编程，开发人员只需编写简单甚至不用编写代码，通过鼠标的点击就可开发出自己的应用程序。平台定制出各类功能组件给开发人员选择，开发人员只要像砌积木一样把需要的组件加到应用上就可以了。如果要编写复杂的应用，这种在线方式就不合适了。通常平台会向用户提供专用的软件工具包，供用户下载并安装，从而搭建一个本地的开发环境，让用户在本地进行程序的编写和调试，然后通过工具包提供的工具将程序部署到平台上。应用编写好后，就可以发布出来，在平台上运行，对外提供服务了。开发人员可以在平台提供的管理界面进行程序管理、运行情况监控等。

由于平台服务商通常都同时提供其他的互联网服务，如邮件服务、天气预报、网页搜索等。它们会在平台提供这些应用的接口，让开发人员调用，这样，就可以在应用中包含了这些功能。如通过使用这些接口，便可以在应用中使用邮件服务发送邮件，或提供天气预报等。

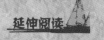

PaaS 的特性

PaaS 的特性有多租户、可伸缩、统一运维、自愈、细粒度资源计量、云计算服务级别协议（SLA）保障等。这些特性基本也都是云计算的特性。多租户弹性是 PaaS 区别于传统应用平台的本质特性，其实现方式也是用来区别各类 PaaS 的最重要标志。

多租户（Multi-tenancy）是指一个软件系统可以同时被多个实体所使用，每个实体之间是逻辑隔离、互不影响的。一个租户可以是一个应用，也可以是一个组织。

可伸缩（Elasticity）是指一个软件系统可以根据自身需求动态地增加、释放其所使用的计算资源。

技术上来说，多租户有如下几种实现方式：

无共享：为每一个租户提供一套独立的应用系统，包括应用、应用基础设施和基础设施。无共享仅在商业模式上实现了多租户。它的好处是整个应用系统栈都不需要改变、隔离非常彻底，但是技术上没有实现资源弹性分配，资源不能共享。

共享物理机：虚拟机是弹性资源调度和隔离的最小单位。就是独立软件装到虚拟机中给用户使用。

共享操作系统：进程是弹性资源调度和隔离的最小单位。相比于前者能实现更小粒度的资源共享，但是安全性方面会差些。

基于元数据模型以共享一切资源：此方式能够实现最高效的资源共享，但实现技术难度大，安全性和可扩展性方面会面临很大的挑战。

四　　云端风险
　　——云计算面临的安全考验及对策

天上有乌云，便可能有雷电。有雷电，地上便需要避雷针。避雷针是我国最早发明的，早在三国和南北朝已有使用避雷针的记载。云计算也会受"乌云"入侵，有时还会"电闪雷鸣"，因此云计算也需要安装"避雷针"。

告别了 2012 的"末日"玩笑，美国在 2013 年却度过了一个多事的 4 月。刚刚经历过 4 月 15 日波士顿爆炸案带来的悲痛，逝者犹未安息，生者仍心伤难愈。仅仅 8 天之后，一条来自美联社的推特让全美民众的精神紧张到了崩溃的边缘 ——"白宫遭遇炸弹攻击，奥巴马受伤入院"。尽管白宫发言人立即出面就此事辟谣，但这条假新闻给美国乃至全世界所带来的震惊和危害不言而喻。

是什么让有如官方口舌的美联社的推特成了犯罪分子发布虚假言论的傀儡道具，又是何人让网络成为布满数据陷阱的危险地带？作为从互联网诞生到云计算兴起一直令人谈之色变的恶魔之一的骇客，正是这起事件的始作俑者。

1 云安全的辩证法

你是否有过一大早打开邮箱却发现自己的邮件丢失的经历呢？又或者是遇到使用不久的网络服务突然间无法正常使用的尴尬情形？事实上当我们怡然自得地漫步在云端之上时，却也不得不承受着不稳定的"云"带来的诸多危险。哪里有云，哪里就可能有闪电，有雷电就要有避雷针。当化作不同形状的"云"向我们友好地招手时，和这位不甚了解的朋友小心交往才是上策，这和大家日常生活中交朋友从陌生到熟悉的过程真是如出一辙。

自云计算诞生以来，它的安全性就成为一个无法回避的关键问题。不论是在国内还是国外，不论是对于 IT 精英还是普通民众，云计算的安全性都可以说是与其本身带来的便利性并存。一项由 5 332 名（其中有 350 名澳大利亚人）IT 管理者参与的研究透露，安全性仍是他们对于云计算最担心的问题。然而似乎与调查结果相悖的是，86% 的澳大利亚受调查对象认为，移入云计算要么会改善公司安全性，要么对公司安全性毫无影响。那么，大家为什么对于云计算的安全性会有如此之深的关心与担心呢？下面让我们一起来看看几个相关的典型事例。

谷歌邮箱用户数据泄漏事件

2011年2月27日，对于谷歌来说是个非同寻常的日子。这一天陆续出现异常情况：用户在登陆自己的谷歌邮箱后发现内容全部丢失。

之后，谷歌表示："部分用户的邮件服务已经恢复过来，我们将在近期拿出面向所有用户的解决方案。"同时还提醒受影响的用户说："在修复账户期间，部分用户可能暂时无法登录邮箱。"

谷歌过去也曾出现故障，但却是第一次爆出整个账户的数据消失的情况。他们和微软等科技巨头近年大力发展云计算，并期

盼以此吸引大量企业客户，但云计算屡次出事使得用户信心受到了不小的打击。

这次谷歌邮件故障给用户造成的伤害是可想而知。尤其是对于那些在邮件中保存着重要私人数据或商业数据的用户，以后是否还会继续信任谷歌、认可云计算都难以保证。而谷歌邮箱作为"云计算"应用的经典之作，此次发生的故障却完全将"云计算"的危险性暴露出来了。由此，人们对"云计算"安全性的担忧再一次达到了高峰。

亚马逊云数据中心宕机

作为在网络电子商务界最具影响力的公司，亚马逊同样在云计算安全性上吃到了苦头。

2012年6月底，美国弗吉尼亚北部遭遇了一场风暴疯狂袭击，而亚马逊位于弗吉尼亚的数据中心也随着这场似是专为考验云计算而来的风暴的到来而瘫痪。亚马逊的云服务也因此一度中断。而令亚马逊最为紧张的是此次云服务中断事件再次引发了社会对于云服务的可靠性的疑虑，并且一家网站还因此放弃了亚马逊的云服务。

亚马逊的云服务在业界内一直受到关注和肯定，也因此有许多客户使用并信赖着亚马逊的这片"云"。但是事实证明这片"云"也没能经受住风暴的考验。

历史总是惊人地相似。2012年6月底的这次事件并不是亚马逊云计算数据中心第一次出现大规模宕机现象，早在1年前的欧洲大陆，亚马逊就受到过雷电的打击。事实反复告诉我们——如果不能从历史中吸取教训，那么在同一个地方再跌倒就是难免的

结果。

2011年8月7日，爱尔兰遭遇大规模雷电袭击，其首都都柏林的一个大型数据中心电力供应临时中断从而导致微软和亚马逊在欧洲的云计算网络出现大规模宕机。云服务平台用户的业务好一段时间后才得以恢复。

明知山有虎，偏向虎山行

攻击与防范是一对魔高一尺道高一丈的矛盾，是客观存在的。任何事物都不具备绝对的安全性。颇有经验的美国在近30年内的太空探索之路上就频频发生了诸如2003年的"哥伦比亚"号航天飞机失事的惨剧。事实证明即便是安全要求相当严格的航天技术都没有绝对的安全，何况是新兴的信息科技——云计算呢。正因为如此，我们对于云计算的发展应该抱有正确的态度，千万不能学下面这个典故里的主人翁。

相传古时候有个好客的大财主。在一个传统节日里，财主大摆宴席，热情款待亲朋好友。宴席间好不热闹，大家划拳喝酒、举杯畅聊，财主也十分高兴。就当人们把酒言欢的时候，亲戚中一位老者却被没嚼烂的卤牛肉卡住了咽喉，顿时间大家一片慌乱。老人双手抓住自己的脖子，眼球突出，脸涨得通红，还能听见他痛苦的呻吟声。财主见这情况，立马唤人给老者拍胸捶背，费尽九牛二虎之力才让老人咳出了卡住的牛肉。经历了这么一阵折腾之后，财主食欲尽失，一边招呼着亲朋好友回家，一边喊着："有了这前车之鉴，我再也不吃饭了！"从那以后，财主每天愁眉苦脸，别人"被蛇咬"了，他却一副这辈子都不想看到"井绳"的模样，对美食"过敏"起来。不久之后，财主饿死在自己的家中。

　　云计算起步初期，确实让用户感受到了风险，然而让我们冷静下来想一想，是不是因为感受到云安全受到了威胁就要像财主一样"因噎废食"呢？这毫无疑问是荒唐可笑的，所以正确地认识安全与不安全这对相互对立又时而统一的矛盾才是我们应有的心态。

　　另一方面，国际云安全联盟（CSA）已于 2009 年成立，各路国际领先的电信运营商、网络设备厂商和云计算提供商都投身到这个联盟的云安全事业之中，共策云安全之大计。

　　自成立以来，云安全联盟受到了业界的广泛认可。这里精英齐聚，他们共商云计算环境下最佳的安全方案。而《云安全指南》

这份云安全业界的权威材料已经更新了好几个版本。参加编写的数十位专家多数在欧美和亚太地区从事云安全的第一线工作，这使得该指南的内容得以真实地反映最新、最好的业界实践及观点。

同时，这份材料也随着云安全联盟的不断壮大而越来越全面、可靠。更可喜的是在云安全的大环境下，我们看到的不是云安全联盟一枝独秀，而是百家争鸣。联合国下属机构 ISO/IEC 第一联合技术委员会、国际电信联盟——电信标准化部以及中国通信标准化协会 (CCSA) 等众多组织机构都为云安全的日趋成熟作出了重要贡献。正因为看到云安全事业蓬勃发展，我们应该理智地相信云、利用云。除此之外，我们不能忽视云计算本身对系统安全也作出了贡献。

用过杀毒软件的朋友一定都有这样的感受，更新病毒库是一件不爽的事情。随着病毒库的不断更新，个人电脑上的病毒库就越来越大，占用的计算机资源越来越多，最后使得系统常常难以快速地响应用户的操作，严重的甚至可能造成死机。但是不及时更新病毒库又难免担心新型病毒侵入系统，所以对于个人用户来说，在系统安全和系统速度之间做选择真是一件苦不堪言的事情。而云计算的出现，使得原来放在客户端的分析计算工作可以转移到服务器端执行，大大降低了客户端计算机的工作负荷。既能保证系统安全，又能在高效流畅的计算机系统中学习和工作，这正是云计算给系统安全带来的重要贡献——云查杀。

云查杀对于服务提供商则提出了更高的要求，单纯依靠收集分析病毒特征进行查杀的方法已经无法满足现状。不少用户使用传统杀毒软件时会觉得新型病毒查不了却又误删了正常文件。而现在云计算的引入使得信誉制度在杀毒软件上得到应用，使得病毒的查杀"人性化"。这是因为云查杀过程会基于之前其他机器的反馈信息进行判断。这样一来，安装了云查杀软件的每台计算机都成了云安全服务器这个大法庭上的陪审团成员，那么"法庭"

的裁决也必然更加公正合理。

云存储算得上云计算为系统安全做出的另一贡献。云存储产品在本机硬盘上划出一块空间与服务器上虚拟出的一块硬盘空间相连，使得存放于本地的文件可以在服务器端得到备份。现如今微软公司的 Windows8 的系统已经渐渐流行起来，很多以前使用 Windows7 的朋友就非常想要更新自己的系统。如果系统分区的空间不够，那么想要安装新系统就需要重新分区，也就是我们通常所说的给 C 盘更大的容量。这个时候一些存放在同一硬盘内的资料就需要备份，以前的解决方式往往是通过 U 盘。现在有了云存储，我们在任何可以上网的地方都能方便地备份和恢复文件。我们甚至还可以在云端备份系统的还原镜像，这样在系统受到侵害时我们就可以利用备份镜像穿越时空回到从前了。

2　时过境迁，矛盾依旧

早在互联网兴起的时代，安全与不安全就是一对让技术人员和用户头疼的矛盾。时过境迁，互联网上的矛盾虽然不可能得到彻底的解决，但随着网络环境的不断完善和网民对网络认识的不断加深，其矛盾得到了有效地缓解。然而对于 IT 新星云计算来说，还真是不得不面对前辈互联网面对过的问题。那么这些久治不愈的顽症是什么呢？

云安全绕不开的老问题

云安全面对的问题不在少数，而基本上可以归结为 4 大顽症：骇客攻击、病毒入侵、数据的失窃或被篡改以及天灾所造成的破坏。

首先让我们一起来认识一下网络恐怖分子 ──骇客。人们常常将骇客和黑客混为一谈，而实际上很大的原因是源自媒体的

误导。黑客最早源自英文单词 hacker，本身其实并不是个贬义词。黑客本指技术高超的 IT 达人，尤其是程序设计能力出众的编程人员。而骇客（Cracker），又称灰客，他们才是利用恶意程序在网络上作恶多端的破坏者。他们蓄意毁坏系统、肆意进行恶意攻击，是真正的罪魁祸首。云计算服务由于其用户、信息资源的高度集中使得骇客们很容易将其设定为攻击的目标。

相比骇客攻击，病毒入侵就更让用户们担惊受怕。其实，病毒入侵本身也是骇客攻击的一种形式，然而它的传播速度和危害程度都足以让它被单列为云安全的一大敌人。

对于非 IT 行业的人一听到计算机病毒，就有种谈之色变的感觉。说到近年来国内最有名的计算机病毒，当属"熊猫烧香"。"熊猫烧香"是蠕虫病毒的一种，能够终止大量的杀毒软件和防火墙软件的进程。2007 年，它开始肆虐网络。不少电脑屏幕上开始布满烧香的熊猫的图标，之后出现"蓝屏"现象，最后系统崩溃。更加可怕的是，"熊猫烧香"还能在局域网中疯狂传播。极短的时间之内，它就可以感染好几千台电脑，严重时甚至会造成感染病毒的整个局域网陷入瘫痪状态。

尽管云计算中心对于防毒的安全保障往往做得要比普通的网络服务提供商要好得多，但是正所谓"不怕一万，就怕万一"。如何防范"万一"，而在"万一"发生后又有什么样的安全措施来防止病毒的进一步传播，正是我们需要思考的问题。

盗取和篡改数据的始作俑者同样有不少是骇客，但是它的技术含量相对不如攻击漏洞和病毒入侵那么高，小部分甚至是通过社交手段完成的。从目前的情况来看，云计算中心的数据安全基本令人满意，但数据被盗的情况还是时有发生。更令人担心的是，云服务外包的现象十分常见（外包指的是企业利用外部资源为企业内部的生产和经营服务），而外包的雪球甚至越滚越大。于是，当雪球的直径逐渐变大的同时，只能看到雪球表面的我们就离安全球心越来越远。用户数据失窃或是被篡改的可能性也就越来越大了。

不少读者朋友自己或者身边的同事、朋友都有过 QQ 被盗号的经历。在网络还不十分普及的时期，不法分子盗取级别较高的 QQ 账号或者网络游戏账号多是为了转手卖给其他用户和玩家。但是随着网络的普及，这些"网络小偷"的犯罪形式也越来越多样化。当熟悉的 QQ 头像在屏幕右下角闪动时，我们下意识地打开，发现是好友传送的一个文件。当我们习惯性地选择接收之时一定不会想到，用来窃取我们各种数据信息的木马就在自己的眼皮子底下进入了我们的电脑系统之中。此外，不少朋友还有过被"网络诈骗犯"骗取财物的经历。

相对于这些个人数据和财产的丢失，云服务提供商数据的失窃和被篡改就可怕得多了，"索尼泄密门"是一个典型的例子。

这次悲剧开始于 2011 年 4 月 17 日，索尼旗下的电子游戏产品网站遭到了骇客的疯狂入侵。骇客侵入索尼公司位于美国圣迭戈市的数据服务器，窃取了索尼电子游戏机、音乐和动画云服务网络（PSN）注册用户的个人信息。这些信息包括用户的姓名、登录名和密码等。这次数据失窃量之大让索尼公司感受到了巨大的压力。

要知道，多达 7 700 万人的用户数据可不是一个小数目。

此外，天灾对云安全所造成的威胁也不可忽视。前面所介绍的亚马逊多次大规模宕机就是自然灾害惹的祸，假如亚马逊当时有足够的灾备中心，也不致狼狈到如此程度。

老问题，老办法

面对上述云计算安全绕不开的老问题，我们又应该采取怎样的措施呢？其实，问题既然不陌生，答案也一定经过了时间的考验。下面就让我们一起来看一看这些老办法吧。

说到计算机安全，首先进入我们思维之中的常会是对付非法入侵的常规武器——防火墙。防火墙是计算机的哨岗，哨兵无时无刻不在检测着通过的数据包。不妨想象一下，现实生活中我们无论是乘坐火车还是飞机都必须要经过工作人员的安全检查，而防火墙扮演的正是火车站或是飞机场的安检部门的角色。当然，这个哨卡也有自身的局限性。它的局限性主要表现在两个方面。首先是防火墙对于病毒的入侵是没有多少办法的，尽管有不少的防火墙产品声称他们已经实现防毒的功能。此外，防火墙技术的另外一个局限在于：数据在防火墙之间的更新是一个难题。一旦传输的延迟太大，计算机将无法支持实时

服务请求。

　　云安全的第二样武器是权限设置和认证。一旦权限可以得到有序的管理，在防范骇客入侵的同时，还能防止云计算服务供应商里的"内鬼"对客户的数据和程序的"偷窥"。对此，云计算数据中心可以参照一些企业和部门的经验采取分级控制和流程化管理的方法。而银行的运作就是一个很好的例子。银行虽然储存着所有客户银行卡的密码，但即使是银行内部员工，也无法得知用户的密码。而修改密码需要相关证件，并且一般只有本人才能办理。相应的，云服务更应该为客户提供足够的保密措施。另外在数据中心内部，将云计算的运行和维护体系的权限分级是个好

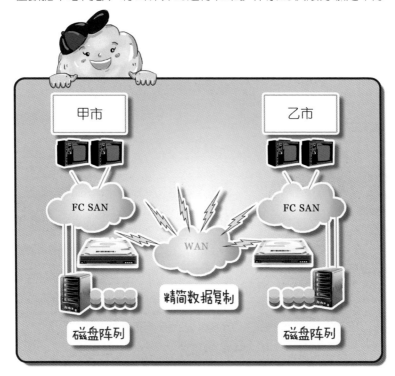

点子。各级工作人员授予不同的权限，让他们彼此之间相互制约。

　　灾害备份是安全防护的第三样武器。就像单机模式下为避免错误操作造成的系统崩溃，或者是网络模式下为避免病毒和木马的入侵造成数据被盗或者丢失一样，存储在云里的数据也要经常备份。这样可以避免在云计算服务遭受攻击、数据丢失的情况下，数据得不到恢复。灾害备份的另一个重要作用是应对自然灾害（洪灾、地震、雷击等）对系统的破坏。为此，一般都要求远程灾备。即云计算中心设在甲地，其灾备中心则设在乙地，甲、乙两地要相距较远，甚至是在不同的城市。两个中心互为备份。

　　同样能起到未雨绸缪效果的是安全防护的第四样武器——加密技术。

　　首先是对本地文件的加密。文件加密后，未授权的用户就无法查看，即使看到，也不能理解。这样即便骇客入侵我们的系统，短时间内也无法获得那些重要数据。此外，我们还应该有选择地为重要邮件做好加密工作。如果为邮件加上数字签名，收信人就能确认邮件的发送者和邮件是否有被篡改的痕迹。这就好似谍战大片里的加密电码，只有密码没有母本也没有办法解码。

　　想要从根本上对云安全进行有效的保护，还得看这终极武器——制度建设。

　　政府的监督和调控是对云安全最根本的保证。在我国，现在互联网已经在法律法规的保护下得到了稳健的发展。前辈的春天到了，后起之秀的春天还会远吗？一旦云安全得到国家和政府的支持，制定相关的法律法规，我们有理由相信，云安全得到长期保证的蓝图必将实现！

3 时过境迁，矛盾翻新

除了面对骇客攻击等一系列老问题外，云安全还不得不面对一些"新"矛盾。这些"新"矛盾，是因为云计算使用了诸如虚拟化、分布式计算、无线网络等技术引起的。在这些技术中，矛盾本来就存在，只是在云计算的环境下显得更严重、更突出罢了。可以说是矛盾翻新。

云安全遇到的新问题

虚拟化技术是云计算的关键技术。虚拟化给云安全带来的其中一个问题是虚拟服务器的安全。

与实体服务器最大的不同之处是，虚拟服务器网络架构和传输信息的机制。网络架构的改变相应地产生了许多安全问题。对于普通的服务器网络架构来说，我们可以在防火墙设备上建立多个隔离区，并对不同服务器采用不同的规则进行管理。这一个个的隔离区在入侵防护中起着重要作用，它们使得骇客对一个服务器的攻击不会扩散到其他服务器。但对虚拟服务器来说就不同了，所有的虚拟机会集中连接到同一台虚拟交换机与外部网络通信。而在同一实体服务器内的各个虚拟服务器则通过管理程序实现通信，不必经过网络。这时，物理网络上的一切安全措施都失去作用。

　　此外，实体服务器虚拟化后的每一台服务器都将支持若干个资源密集型的应用程序。因此，服务器可能出现负载过重的情形，甚至会出现实体服务器崩溃的状况。此外，在管理程序设计过程中的安全隐患传染到同台实体主机上的虚拟机就会造成虚拟机溢出。此时虚拟机会出现从管理程序中脱离出来的现象，骇客则能避开安保系统进入管理程序危害虚拟机。

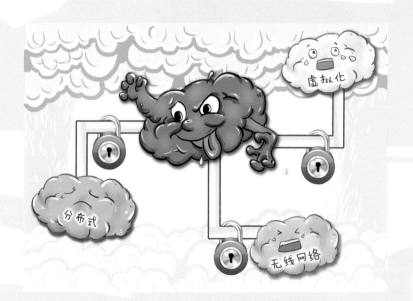

新问题，新办法

就如老问题有老办法，那么对于新问题，我们自然也要找到与其对抗的新招数。想管理好虚拟机和虚拟网络，要做的工作还真是很多。第一步是在安装虚拟机时，我们可以为每台虚拟服务器分配一个独立的硬盘分区，以便进行逻辑隔离。这样一来可以大大降低虚拟机出现故障后对其他虚拟机的影响。第二步最为简单，即是在每台虚拟机上安装有效的杀毒软件，在物理机上我们以此防毒杀毒，在虚拟机上还得这么办。接下来，为了阻止虚拟机的溢出，我们可以在数据库和应用层间设置防火墙，通过隔离虚拟机实现从网络上脱机保存虚拟化环境。此外，每台虚拟服务器都应通过建立虚拟局域网和配置不同的 IP 地址网段的方式进行逻辑隔离。而要通信的虚拟服务器之间则应该通过虚拟专用网进行网络连接。有了这 4 步工作，虚拟机的安全就得到了最基本的保证。但是如果要让虚拟化环境的管理工作做到滴水不漏，一方面需要云安全专家探索出更多的方法、总结出更多的经验，另一方面则需要技术人员在每一步工作上足够耐心和足够细心。

又如，为了解决用户关键数据的安全问题，可以采用"云＋端"的存储方式。"云"当然指的就是云存储。但是，我们在前面的内容中就一再强调云安全是辩证的，任何一个存储空间都无法达到绝对的安全。所以，一部分重要的数据还需要"端"来帮忙，这个"端"也就是指客户端自身的硬盘或其他存储硬件。

亚马逊的屡次宕机就给我们提了个醒，千万别以为云计算数据中心能保证用户数据的绝对安全，有些时候难免发生天灾人祸。同时，大家也别把自己的存储设备看得坚不可摧。普通硬盘的寿命一般也就3～10年，而新型的固态硬盘也难以超过20年的极限。所以，为了保证关键数据和个人隐私得到高质量的保存和管理，"云＋端"是不错的选择。

也许有人提出，采用私有云是否会更安全呢。私有云一般是在一个封闭的环境中运行，对于外来攻击确实有较强的抵御能力。但是，只要是云计算，就必然涉及虚拟化等技术。由这些技术带来的安全问题，在私有云中同样存在，因此从这个意义上来说，私有云并不比公有云安全。

关于无线网络的安全解决方案，在本丛书另一著作中有详细的论述，这里就不作介绍。下面再强调一下管理上的问题。云计算安全，技术解决方案固然重要，但管理上的安全措施更为重要。正所谓"三分技术，七分管理"。统计表明，多数事故的源头不

在技术，而在管理。管理上的安全措施可以罗列出数十乃至上百条，但最重要的有两条：

其一，云服务提供商的自律与监管。对云服务提供商，要建立制度化的政府监管、群众监督、第三方评价的监管评价机制。评价内容包括公司实力、信誉、业绩等。评价结果要公之于众，实行优胜劣汰。

其二，用户要理性选择云服务，把安全及供应商的信誉放在首位。

4 安全即服务
——云计算的新成员

设施即服务、平台即服务、软件即服务早已名声在外，这些服务模式已经为人们所知所用。而云计算的新成员安全即服务则要"低调"得多了。不过，我们可千万不能小看它，它在云计算家族中绝对算得上是未来的栋梁。在过去的一段时间内，云计算在世界各地拥有了众多的企业级"粉丝"。对这些"粉丝"而言，有一类解决方案有着特别的吸引力，这就是安全即服务。事实上，也确实有越来越多的传统软件安全厂商希望在开发基于服务模式的产品上有所作为。那么，安全即服务到底是一种什么样的理念呢？

安全即服务的含义

如果说威胁云安全各个因素是穿透云层的紫外线，那么安全即服务产品们扮演的就正是大气层的角色。尽管云计算技术真正得到发展的时间不长，安全即服务的各种产品的开发时间更是短暂，但我们应该相信目前还很稀薄的"大气层"在一段时间后一定会变得丰富而密集。

中国电信网络安全实验室对于安全即服务的定义是："将云计算技术应用于网络安全领域，将网络安全能力和资源云化，并且通过互联网为客户提供按需的网络安全服务，从而实现一种全新的网络安全服务模式，这种安全服务模式通常称为安全即服务。"看到这个定义，不少读者朋友可能会对"云化"一头雾水。记忆

力强又细心的读者可能会记得第一部分中谈到的云计算的特点，其实让网络安全服务具备这些特点正是"云化"的含义。下面就来看看网络安全服务是怎样被"云化"的。

首先，安全即服务应当是以网络安全资源的集群为基础的，这就使得它具备了云计算的虚拟性的特点。相比传统的安全产品，安全即服务先把安全资源都整合到一个资源池，然后通过租用的方式提供给用户使用。这就使得客户只要身在有网络的地方，就能让云端的安全资源为我们的电脑立起一块安全盾牌。地球上千千万万的安全盾牌就组成了一片"安全云"，向用户提供安全即服务。

再者，安全即服务应当是根据用户所需提供的可扩展服务。安全即服务将资源以服务的方式提供给用户，而后者则可以根据自己的需求得到服务。不论是杀毒、扫描木马还是入侵检测，安全即服务都可以相应地单项或者以"套餐"的方式提供给客户。

最后，安全即服务应当有大型的安全数据中心作为后盾，这样安全即服务才能符合云计算大规模的特点。多种多样的巨型数据库存放着不同功能的资源，它们有的用于保护网络和防范恶意电子邮件的威胁，有的可以监测网络流量，有的则用来评估对外网站以查找潜在的安全漏洞。有了这样的数据资源作保证，再加上特有的冗余存储、分布式存储和一些数据处理的关键技术，云计算高可靠性的特点就可以得到实现。

网络安全能力和资源得到"云化"之后，带给用户的感受是个人电脑减负后的轻松、准确查杀病毒的放心和自由使用网络的畅快。这也正是安全即服务这一概念提出的初衷，网络安全以服务的模式呈现的这种创新对于用户和提供商来说可谓是双赢。

安全即服务的应用

正如我们前面所说，安全即服务有按需提供的特点。所以，安全即服务会针对两类用户提供不同的应用，一类是普通个人用户，另一类是企业用户。

针对普通个人用户的应用，从计算机的角度来看也就是针对个人电脑的服务。这样的应用则需要根据普通用户的喜好来制定，所以对个人用户提供的安全即服务应该做到高度的"人性化"。

要提供让大多数用户满意的安全即服务，首先就应该从用户的角度出发制定相应的策略。操作简单是这类安全即服务必须要做到的第一要素。考虑到大多数用户对于个人计算机的使用是在办公、学习和娱乐层面，他们的使用习惯是越容易上手越好。"一键化"往往最符合普通用户的口味，由于安全即服务采用的是把"后台"放在"云端"的服务形式，那么"前台"手续越简单、越省事，用户自然就越喜欢。

目前，"云查杀"的服务仍然是个人用户最为青睐的一项服务，由此也可见在人们眼中，病毒入侵是系统安全的首要敌人。而防火墙和安全漏洞扫描目前也较受欢迎。这些按需提供的安全即服务

有效地帮助普通用户管理好个人电脑的系统安全，也比以前的纯软件模式更能让人感觉到贴心和放心。

相对个人用户的计算机安全而言，企业用户对安全防护的要求就要高得多。一方面是因为企业需要对客户的信息资料负责任，另一方面则是因为企业自身的商业机密材料需要绝对安全的空间保存。所以，为企业用户提供的安全即服务必须把安全摆在第一位。要知道，选择安全即服务这种云模式的防护办法就意味着企业往往将大部分安全问题托付给了服务提供商解决。

电子邮件的防护对企业用户来说一般是放在首位的。为了解决电子邮件的安全问题，安全即服务引入了信誉评价组件。信誉评价组件的工作原理是通过检查各种网络通信活动的来源来确定其可信度。这些来源包括电子邮件的寄件者和发布网页的服务器等。一旦组件发现通信来源的信誉有问题，传送的内容在进入企业网络之前便会遭到封锁。如果是电子邮件，则会遭到截击并被拒绝；如果是网页或加载的插件，其行为会受到禁止。对于这些威胁的封锁不仅可以防止安全威胁大规模入侵网络，同时也有利于降低网络负载。让企业用户欢欣鼓舞的是信誉评价服务可封锁高达80%的电子邮件威胁，而剩余的威胁利用传统的内容扫描方法清理即可。

除了反垃圾邮件服务之外，入侵检测和防御系统等服务也是企业用户信赖的好帮手。其实，不论是对于个人用户还是企业用户，不论是对云计算中心的硬件还是软件，安全即服务都在发挥着越来越重要的作用。而类似于安全即服务的创新模式的不断诞生必将让云计算家族更加兴旺和强大。

五 耕云播雨
——云计算的商业模式及应用案例

云计算的价值在于应用。面对世人怀疑的目光，最好的回应就是晒一晒应用案例。云计算有应用案例吗？是什么因素限制着化云为雨？服务是云计算的核心，服务能作为一种商品（产品）提供给用户吗？

2013年4月15日，是第113届春季广交会开幕的日子，同时也是广交会电子商务平台正式上线的日子。借助这个平台，广交会首次插上云计算的翅膀，突破地域和时间的限制，将每年两届的现场交易会，发展为随时随地可为采购双方提供全面服务的网上交易平台。通过云服务体系的应用，平台将吸纳国际贸易服务链条中的保险、银行、货代、物流等环节的服务商，聚集"云服务"资源。相信凭借着云计算这股东风，广交会必将会更上一层楼。

1 云计算的商业模式

互联网公司模式

这是我们最常接触的商业模式，也是最普遍的商业模式。如谷歌公司、百度公司等。谷歌公司是云计算的鼻祖，也是这种商业模式的创始者。她最早探索云计算商业模式，在云计算领域方面有着技术和业务的积累。对这些公司来说，云计算是他们向平台型公司演进的一个重要工具。他们通过互联网提供云计算服务，如搜索引擎，并以这个引擎为阵地，抢占其他运营商的服务，与电信运营商抢夺市场的话语权。

目前我们使用的大部分云服务是免费的，如搜索引擎、百度价高者得！

300 000

1 000 000

网盘等。但这些云服务是由以
盈利为目的的私营互联网
公司提供，他们是如
何以免费服务来实现
盈利的呢？其实这些运
营商的盈利模式主要有两
种。

第一，使用搜索排名、
实时竞拍等实现盈利。如谷
歌、百度等搜索引擎。谷歌
的实时竞价广告系统为其盈利立下汗马功劳，这个广告系统的核
心是按照广告商愿意付的最高点击成本作为排名的一个因素。广
告商为了自己的广告能够在搜索排名中更加靠前而竞相出价，就
是因为有了这个广告系统，免费的搜索引擎带来的收入远比付费
的其他服务更多。

第二，积聚一定用户量后，通过使用增值服务或者是广告来
实现盈利。典型的例子是奇虎360，奇虎公司使用免费策略推出免
费的杀毒软件。推出之初，几乎所有杀毒软件都需要付费，360杀
毒软件完全免费并承诺永不收费，一下子吸引了大量用户。在拥
有一定量的用户后，奇虎公司开始在网页上通过广告或者链接实
现盈利的目的。

方案商模式

在风起云涌之际，一部分云计算供应商已经尝到了云计算的
甜头，越来越多的政府部门及企业清晰地认识到云计算是将来信

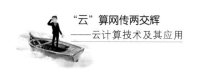

息技术的发展趋势。有鉴于此，一朵朵公有、私有云像雨后春笋般涌现。在这种形势下，也催生了云方案顾问公司的发展，如 IBM、浪潮、Oracle 等公司。IBM 为深圳大学提供智慧校园解决方案，其中包括云设施建设，应用服务推送服务的方案。

这种商业模式的优势除了在硬件技术与方案方面外，还在于对行业信息化的理解。该类企业作为云计算行业的基础建设力量，使用商业模式较为简单。它们以产品交付和技术服务为基本内容，并不直接接触最终用户，也是运营商的主要合作伙伴。

软件服务商模式

软件服务商模式，顾名思义就是提供云软件服务的云计算服务提供者，他们通过网络，向用户提供所需要的软件，并收取费用。例如 Salesforce（salesforce.com），他们通过互联网向企业提供企业资源计划（ERP）、客户关系管理（CRM）、供应链管理（SCM）等解决方案，客户不需要花大力气去开发这些软件，只需要向 Salesforce 租用相关的模块，然后按使用时间与使用功能来支付费用。

运营商模式

这一模式可以分为两种，一种是如电信、移动等出租机房、线路等基础设施的电信企业，另一种是专业的运营商，如国内知名的世纪互联等。他们租用电信机房，建设自己的云计算平台，提供虚拟服务器、操作系统等出租服务。这种运营商模式一般是提供 IaaS 服务。通常，运营商会建设多个机房，这就是云的初始形态。在这些机房中，客户的数据通常分布在不同的云端，如果一个机房出现故障，不会影响用户的数据安全。

2　雷声大，雨点小
——限制彩云化雨的主要因素

体制因素

在云潮涌动的雷声过后，人们总是期待一场畅快淋漓的大雨，但可惜，很多时候，等来的只是几声闷雷，几滴小雨。是什么制约彩云化雨呢？

相对于国外云计算的遍地开花，中国的云计算都是像怀抱琵琶半遮面的少女。虽然国内也建设了很多小型的云平台，但是很多都像是星星之火，还没有形成燎原之势，那为什么会造成这个局面呢？

标准缺失是其中一个制约云计算在我国进一步发展的因素。我们都似乎埋头在自己的私有云上，缺少与其他云建设者进行交流，更没有形成相关标准，如云计算的相关术语、接口标准等，使我们建设的一朵朵云都变成了独立的孤岛。这就极大地阻碍了云之间的数据交换与大量数据的转移，极大限制

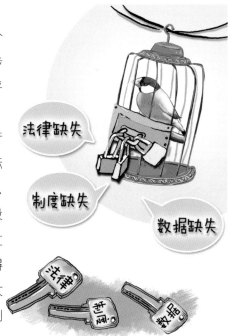

法律缺失

制度缺失

数据缺失

了云的大范围发展。

"我放在云上的私人照片被人公开贴在讨论区上！！"某论坛这一个帖子引起网友的关注，可能有一天，你放在云端上有密码保护的私人资料也被人利用。客户的隐私得不到有效保障，也是制约云计算发展的另一块"绊脚石"。由于云服务提供商的安全保密工作做得不够严密，使得存储在云上的资料有可能被别有用心的人盗用，使到用户不放心把自己全部或者重要的数据都放在云上，直接制约云的发展。

现在还没有足够的法律法规来保障用户放在云端上的数据和隐私的安全，也没有一个处罚机制去处罚丢失用户数据的云计算运营商。当用户数据丢失，运营商可以推卸责任，客户自然不放心把自己的数据放在云端上。

为了有效地解决这些问题，业界需要从多方面、多角度考虑，不仅要在法律层面完善立法和相关的法律制度，还要注重技术的创新和管理的作用。此外，还要提高运营商的公信力。

观念因素

目前，有两种观念对云计算的发展十分不利。

一种是思想僵化、墨守成规。持有这种观念的人，对云计算这个新生事物，要不就是熟视无睹，无动于衷，认为云计算不如老技术成熟、方便；要不就是利用云计算目前存在的问题进行夸大和渲染，把云计算说得一无是处。其实一点都不奇怪，每当一个新生事物出现，总会有人怀疑或反对。记得1958年在华南工学院（华南理工大学）的一次全校教职工大会上，有几位年轻教师提出要研制计算机和筹办计算机专业。要知道，在当时计算机真的是个新生事物。于是马上引来一片反对之声，说这几个年轻人不知天高地厚、异想天开。反对者誓言他们将永远使用老祖宗的传家宝——算盘。曾几何时，计算机以其极强的生命力迅猛发展，成为现代社会不可或缺的工具。可以预期，云计算的明天也必然会是这样。

另一种是浮躁跟风、人云亦云。持有这种观念的人，不调查、不研究、不问实际需求、轻信个别商家的花言巧语，匆忙上马云计算项目。其结果，不是项目建设走样，不见云彩，只见房地产，就是彩云高挂，却不能落地化雨。这样一来，不但经济蒙受损失，而且，人们对云计算的信心也将大受挫折。

上述两种观念都会制约云计算的发展。我们应该以积极、热情的态度迎接云计算，以科学、发展的眼光看待云计算，以客观、务实的精神发展云计算。

主要应用行业

在电信行业，内功外功齐练。

电信行业，由于是互联网接入服务的主要提供者，也是解决"最后一公里"方案的主要供应商，在云计算的应用中扮演着急先锋的角色，也是云应用推广的主要阵地。利用云计算，电信运营商如虎添翼。首先，借助云计算，苦练内功，使用虚拟平台进行 IT 资源整合，在降低成本的基础上，提高资源利用率与管理水平；提高数据的稳定性；在各地建立大型的互联网数据中心，使过去零散的数据机房可以集中统一利用，极大地提高了资源的利用率。其次，练好外功。电信运营商通过新兴的商业模式，建造新的资源平台，推广创新服务及提高传统电信经济效益；在应用层面推动云计算的进一步落地。电信运营商，如中国电信，通过云平台，向拥有大量用户的谷歌、亚马逊等公司提供基础设施服务。互联网公司也能利用电信供应商提供的云服务，进一步降低运营成本，提高服务质量及服务水平，云计算必将在未来给电信行业带来更大的产业链并催生更大的商机。

在政府机构，构建新一代政务信息系统

各级政府机构，站在比企业更高的层面上，利用云计算的机遇，协调各方面的资源，更好地为市民服务。政务云就是云计算在政府层面的应用，是一种可以优化政府管理和服务职能，提高政府

政务云

政府机构　　　教育行业　　　电信运营商

服务水平和工作效率的云平台技术框架。在服务提升方面，政府可以借助云技术收集和处理大众的诉求。

政务云还可以有效支持如下方面的工作：

第一，政务云能提高设备资源利用率，避免重复建设，减少对专业维护人员的需求。电子政务网建设使各级政府机关投入巨资采购硬件设备、建设独立的应用系统，但有一些系统可能一天才有几次的访问量，这些都是原有的政府信息系统存在的问题，只有使用云计算才能彻底消除这些不足。

第二，政务云能推动信息资源整合，促进政务资源共享。政务云能消除各级政府独立建设的"信息孤岛"。所以，通过信息

资源整合来促进政务资源共享就成为电子政务建设下一阶段的主要任务。

第三，政务云能提高对公众服务的灵活性，改善服务的可扩展性，通过网络平台，选择适合电子和网络实现的事项，提供灵活多变的政务服务，推动服务创新，以提升服务效率和服务水平。

第四，政务云为建设智慧城市打下基础。

在教育方面，建立教育云平台

提高教学质量和资源利用率，改善教育的公平性，激发学生学习的积极性和主动性，是教育部门永恒的目标。建立教育云平台，有助于这些目标的实现。

第一，通过云计算做媒介，把教育传播到每一个角落。由于我国国土面积大、经济发展不平衡，要把现有的远程教育系统覆盖到全国各地，是非常困难的，因为现有的系统存在高软硬件要求、弱系统扩充能力、差配置性等难题。基于云计算的远程教育系统能够克服这些问题，而且基于云计算的远程教育系统的服务器要求低，可以由各地普通的服务器组成"云"来提供高性能的服务。并且"云"的通用性使资源的利用率较之传统系统大幅提升，以前数据中心高昂的管理成本也随之大幅降低。

第二，云计算可以为学校节约购买和维护更新计算机的成本。可以减少学校维护和升级操作系统还有应用软件的费用和技术难度。云计算提供的服务通常收费低廉，有的甚至是免费，学校接入这类云计算服务后，不需再花费大量资金购买昂贵的服务器和商业软件授权，作为客户端的本地计算机配置可以很简单，运行浏览器即可享受云服务，不用担心应用软件是否是最新版本。

第三，最大范围内共享，也是云计算在教育系统应用上的一个优点。通过云计算模式，各所学校之间可以共建共享空间。这个共享空间，既可实现各学校教学设施的共享，更重要的是，可以共享优质教学资源，例如，名师的授课、优秀的课件、名校的教学活动等，从而大幅度提高教学质量。

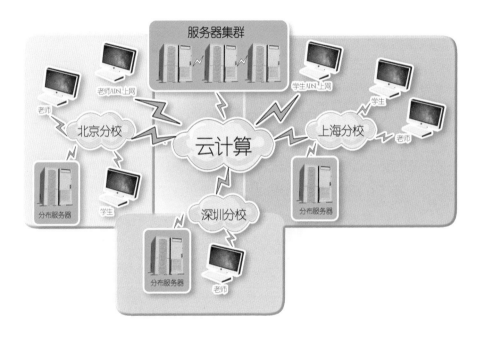

第四，云计算可促进学生的学习兴趣，提高主动学习的能力。因为网络学习已不再被局限在一个狭窄的物理范围之中，而是学生自行创建和管理的空间，学习活动也更多地由学习者自己而不是教师来策划和选择，有利于提高学习的积极性和主动性，对培养学生的创造力十分有利。

应用案例

东莞市政府与中科院联手建设云计算产业中心

在 2008 年的时候，当国内多数人还不知"云计算"为何物之时，东莞市委市政府就出资 3 000 万元，在东莞松山湖科技产业园区建立起云计算中心。这个可以称作是国内第一个自主知识产权的云计算平台中心，是由广东电子工业研究院与东莞松山湖科技产业园管委会合作成立，总投资额已近 2 亿元人民币。

迎着云计算的春风，2009 年，在松山湖科技产业园云计算中心成立之后，时任中科院院长路甬祥曾到东莞考察云计算的实践情况，对东莞在云计算领域先行先试的做法表示赞扬，当即表示中科院愿推动云计算在广东本地的发展。经过 2 年的酝酿，2011 年 3 月，中科院与东莞市政府共同出资，共建"中国科学院东莞云计算产业技术创新与育成中心"。从此，以"云计算产业中心"为基地，逐渐建成我国云计算产业技术创新基地和创新创业人才培养基地。

继往开来，东莞市的"云计算产业中心"遵循"院市搭台、企业参与、资本运作、市场运营"的机制，院市共同投资，吸引企业参与。首先建设云计算技术研究发展基础设施和支撑平台，然后在这一平台上提升珠三角区域城市群的自主创新能力，发展战略性新兴产业。掌握云计算的核心技术，积极探索特色鲜明、有核心竞争力的云计算商业服务模式，建立健全的符合云计算产业发展规律的机制。

东莞的"云计算产业中心"成立以来，取得了丰硕成果，2011 年 9 月 8 日，东莞首个云计算平台——国云科技云计算平台入选工业和信息化部云计算优秀示范基地项目。在未来 5 年，中心争取孵化和引进企业超过 100 家，服务企业 10 000 家以上，并培育 1~2 家云计算上市公司，为社会企业新增销售收入 200 亿元以上，每年直接贡献地方税收达到 20 亿元。

广州南沙区 10 亿元打造大型云服务平台

2012 年 5 月 10 日，由广州南沙开发区经济贸易局、创博国际、南沙置业、天地祥云合作的"云服务数据中心"项目正式落户广州南沙区。作为中国领先的移动支付及无线增值业务解决方案供应商，创博国际首席执行官告诉大家，公司对于此次"云服务数据中心"项目总投资将不低于人民币 10 亿元。目前，这个项目已经展现了它对于众多国内外企业的巨大吸引力。国内 IT 业巨头腾讯已经确定租用该项目 200 台机柜，而百度等大腕也纷纷对此项目投来期待的目光。这是因为"云服务数据中心"一旦投入使用就将产生巨大的商业价值。尤其引人注目的是移动支付、移动互联网等移动云应用。而手机成为我们日常生活中的消费媒介，将

不再是在云时代体验快节奏生活的"懒人"们的臆想。

"云服务数据中心"项目的成功落户，对于广州南沙区的发展真是一件让人兴奋不已的喜事，这块毗邻港澳的土地将在广州乃至广东的云计算发展的成绩单上写下自己的一笔。丰富的人力、物力资源是将南沙区打造成为智能、便捷、科技的信息中心的关键因素，正因为如此，再加上其独有的地理位置优势，南沙云服务中心很适合成为香港金融数据中心的备份引擎。有人把云计算比喻为信息时代的电网，那么南沙区就将是广东云计算这张"云"网上最关键的一个绳结。它不仅能为社会、为民众提供畅通无阻的信息服务，还将为市民娱乐、生活、学习融于一体的云城市生活提供坚实的基础，并做出值得信赖的承诺。

无锡飘起 IBM 在亚太地区的第一片云

放眼全国，也是彩云飘飘。2008 年 5 月 11 日，无锡市政府与 IBM 公司在无锡市太湖新城科教产业园宣布，他们共建的中国云计算中心正式运营，这是 IBM 在亚太地区的首个云计算中心。这个云计算中心第一期总投资 3 250 万元，大楼共有 4 层，建筑总面积为 1 800 平方米，目标是计算能力的峰值性能将超过每秒千万亿次。

无锡云计算中心拥有完全知识产权，是一个安全可控的云计算平台系统，在保证安全的基础上拥有充分的伸缩性。无锡云计算中心采用虚拟化、云存储等关键技术，可以有效地提高设备利用率，降低总体拥有成本。其技术特色包括：

云计算服务器：使用国内自主研发的"星云"系统，此系统的计算机能力能达到每秒千万次数量级，存储能力达到 10PB 数量级，拥有 10Gb 和 40Gb 的网络进行互联，保证了各大型系统的网络需求。

云存储：使用高可靠性的云计算分布式存储系统，能够扩展到 10PB 级的存储容量。

云安全：使用自主产权的安全系统、部署流量审计系统、个人密钥系统、IDS 入侵监测系统、龙芯防火墙系统等实现无缝的云计算安全。

云管理：部署的云管理系统能实现智能动态的资源规划，可以构建易于管理、稳定可靠、按需使用、节能环保的新一代云计算中心。

对于无锡来说，通过将 IBM Smart Business 云产品线与 IBM Blue Cloud 技术相结合，实实在在地为这座城市建立了经济发展的新引擎。市政府方面，为一个工业地带转变为一个提供 IBM 云计算的先进的业务园区提供了条件，使得整个地带的资源得到高效的整合和管理。同时，无锡云计算中心不仅可以为政府部门提供服务，更主要的是能够为上百家中小型软件开发公司供应"云燃料"。这些"云燃料"化作强大的工具和灵活的资源，使得他们进入市场并在良性竞争中站稳脚跟甚至是相辅相成。

5 年多的时光过去，作为 IBM 在中国建立的第一个云计算中心及中国首个商用云计算中心，无锡云计算中心的商业实践已经被证明是一个成功的商业模式。如今，"无锡云"的二期也已经启用。这就意味着通过无锡云计算中心提供的外包服务平台，无锡市在服务外包领域的领先地位将进一步得到巩固。同时，通过由 IBM 研发的全球最先进的电子商务解决方案——一站式服务，无锡创建国家电子商务示范城市的速度将进一步提升。而"政府云业务"

将为无锡市政府提供一个统一管理的 IT 资源平台，致力于将无锡市政府打造成高效、绿色、智慧的服务型政府。

4　云计算让物联网如虎添翼

大数据的制造者——物联网

什么是物联网？从广义来说，连接万物的网络就是物联网。所谓万物，当然包括生物和非生物，甚至还可包括我们人类。试想，如果我们在痴呆老人身上装上传感器，他们外出就不会"逃出"物联网的监视，也就不会迷路。当然，物联网的主要作用不在于此，而是用来连接货物、商品、监测物等。从物联网以连接万物为目标这个架势，就可知道它产生的数据一定十分惊人。据统计，一个中等超市，每年就要产生数百兆（MB）的数据。长期累积，很快就会达到大数据的规模。

大家知道，无论各行各业，数据都是重要、宝贵的资源。商家要在市场上立于

不败之地，也要依靠数据找到商机、找到客户。过去，这些数据都被白白丢掉，实属可惜。因此，如何处理、存储、利用这些数据，是摆在物联网面前的一大课题。

云计算助力物联网发展

那么云计算又是如何担当物联网的好助手、好伙伴的呢？

作为一种新兴的计算模式，云计算起码可以从两个方面更好地促进物联网。

首先，云计算是物联网的核心技术之一。在物联网中，数以千兆计的各类物品的实时动态管理和智能分析，对于普通计算模式来说简直就是天方夜谭，而这对于云计算来说，却是小菜一碟。物联网通过将射频识别技术、传感器技术、纳米技术等采集来的数据，通过无线或有线网络实时动态送至云数据处理中心，进行汇总、分析和处理。这就是云计算对物联网的第一大贡献。

云计算的第二大贡献在于它促进了物联网和互联网的智能融合。物联网和互联网的融合并不是一个简单的结合过程，这个过程需要做的工作很多。想要更高层次的整合，就需要"更透彻的

感知，更全面的互联互通，更深入的智能化"。正如数据处理一样，
这一点也同样离不开依靠高效的、动态的、可以大规模扩展的计
算处理能力，而这正是云计算的拿手好戏。此外不得不提的一点是，
云计算的创新型的服务交付模式极大地简化了服务的交付过程。
这为增加物联网和互联网之间以及其内部的互联互通提供了良好
的通道、架设了坚固的桥梁。

　　云计算与物联网的"合作"会产生什么样的故事呢。云计算
中心的廉价、超大量的处理能力和存储能力与物联网无处不在的
信息采集能力一结合，《阿凡达》里面描述的将整个星球的生物
都联系起来的奇妙情景就不再只是好莱坞大片里的幻想了。

六　彩云追月

——云计算的发展趋势

传说，算命先生能知过去未来，此事有点玄乎，看来无多少科学依据。但科学预测确实存在，古今有之。在这里，我们对云计算的发展趋势也做推测，希望不是算命先生那路货色！

创新工场CEO李开复曾说他非常爱看凯文·凯利的专栏和杂志。而事实上，这位《全球概览》的前主编很久以前就对现在的世界有了展望和预言。他的代表作《失控》更是戏剧性地被《黑客帝国》导演安迪·沃卓斯基奉为必读经典。

很多年前，当凯利着手写《失控》一书的时候，如今已与我们生活不可分割的互联网才刚刚起步，然而凯利当时已预见了Web2.0时代的到来。《失控》描绘了一个不可思议的世界，云计算、物联网、虚拟现实、社交网络等在我们如今看起来犹如新生婴儿的概念都在书中有所提及。这些，在那个时代看来难以置信，甚至是颇为荒唐的东西，如今却一个个出现在我们身边，触手可及。

1 旧瓶新酒，美酒更香醇
——技术趋势

继承创新不停步

严格来说，云计算确实没有多少自身原创的关键技术。云计算技术都是在网络技术、并行计算、分布计算、网格计算、虚拟化等"老技术"的基础上发展起来的。为了满足云计算的特殊要求，人们对这些"老技术"进行改进和提高，使之向前推进一大步。取得很多新成果。因此，云计算技术是继承与创新的典范。

今后，随着应用的不断扩大、深入，新的问题将会接踵而来。

为此，云计算技术在继承与创新的道路上还将继续走下去，永不停步。

虚拟化技术

早在 20 世纪 80 年代，虚拟化技术就已经问世，并在虚拟主机、虚拟存储、虚拟网络等方面得到了应用。不过，那时候整合设备的数量并不多，虚拟机的数目也不多。不像云计算那样，要把数百甚至上千台的服务器"整合"成一台高性能的虚拟服务器，这台虚拟服务器又要"分拆"成众多的虚拟机以满足不同用户的需求。从量变到质变，真是"老专家遇到了新问题"！在虚拟化处理中，由于"整合"与"分拆"是根据需求而动态进行的，所以"整合"与"分拆"的效率就显得十分重要。它将直接影响云计算的实际

应用。对此，人们进行了很多的研究、试验，取得初步成果，但在设备数量特别大、用户数目特别多的情况下仍不够理想。

因此，怎样进一步提高虚拟化效率，仍然是云计算技术要继续努力的方向。

云操作系统

云操作系统与分布式操作系统有许多相似之处，分布式操作系统的一些技术，可以为云操作系统所用。但是，云操作系统所遇到的问题要比分布式操作系统遇到的问题大得多、难得多。云操作系统面对的是一个庞大的物理环境（很多物理机）和一个庞大的虚拟环境（很多虚拟机），以及众多结构、性能各异的单机操作系统。基于云平台的特点，云操作系统还必须具有极好的包容性和扩展性，可以包容现有的全部操作系统，能根据应用要求进行扩展。这是对云操作系统很严格、很实际的要求。对于一个大型、通用的云平台，这些要求并不过分。然而，就目前已推出市场的几款云操作系统来看，与这些要求尚有差距，甚至有些还是"应市之作"。

因此，如何进一步完善和提高云操作系统的功能和性能，仍然是一项艰巨任务。

云计算安全

云计算安全，实质就是信息网络的安全。为了确保信息网络安全，从管理到技术，从网络隔离到入侵检测，从病毒防治到数据加密，从数据备份到灾难恢复，等等。人们已经研究出了一套完整的、行之有效的措施。这些措施完全可供云计算参考采用，为云计算保驾护航。

不过，云计算作为一种新的计算模式，自身也有一些特殊的安全问题，在第四部分已作过介绍。说实在话，到目前为止，解决虚拟化和分布式计算带来的安全问题的新办法还不够理想，仍然处于"摸着石头过河"的阶段。

此外，在云计算中，安全措施的实施，目前仍与云计算的实际应用情况脱节。为了满足应用情况的变化，要求云计算对应用程序可以快速灵活地自动配置，事实上也已经做到，因而要求安全措施也可以实现快速自动配置。这样，应用程序自动配置才有意义，云计算的特色才能发挥。

由上可知，继承与创新是云计算技术今后的主要任务和发展趋势。

开源软件成主流

在介绍开源软件之前，让我们回顾一个真实的故事。

20世纪70年代，有一家颇具名气的计算机公司——王安电脑公司。王安电脑公司是美籍华人王安先生所创办。该公司所生产的电脑，特别是台式电脑，当时风靡全球。在中国内地，王安电脑也占有一席之地。但到了20世纪80年代便逐渐衰落，直至最后完全破产。原因之一，是产品未能跟上当时已盛行的开放系统的步伐，市场迅速萎缩，最后难逃厄运。

什么是开放系统呢？开放系统是指采用符合统一工业标准的部件、接口、设备、操作系统而构成的一种计算机系统，凡是符合这种标准的用户资源都可与之相连，并进行扩充。与开放系统相对应的是封闭系统。封闭系统是某一家厂商研发、与其他厂商生产的计算机不兼容的系统。王安电脑就属于封闭系统。开放系

统是人类观念的进步，是计算机系统的进步，是市场发展的必然结果。

　　计算机系统开放了，软件怎么办？除了采用相关的工业标准进行开发外，能否还有进一步的举措？于是在 20 世纪末（开放系统提出不久）便有人提倡软件开放源代码。所谓源代码，就是软件开发人员使用 C、Java 等高级程序设计语言编写的计算机程序。源代码又称源程序。公开源程序的软件称为开源软件。由于高级程序语言与人类的自然语言很接近，很容易被读懂，所以为软件的交流、兼容、升级提供了方便。开源软件一经提出，马上便受到业界的高度重视和积极响应。目前一些十分流行的软件都是开源软件，例如大家十分熟悉的广泛应用的操作系统 Linux 就是开源软件。

也许你会感到十分意外，首先提出开源软件的竟是一位计算机黑客。他的大名叫埃里克·斯蒂芬·雷蒙。这位老兄是美国人，后来成为了有名的开源软件理论家和实践者。

云计算是个新生事物，正处于成长时期。在该时期所推出的软件，更需要相互交流、借鉴，一开始就走开放、兼容之路。这有利于云计算的快速成长，对软件的生产者和消费者都是福音。因此，目前市场上已经推出或准备推出的云计算软件产品，相当一部分是开源的。可以预料，开源软件的比例将会越来越大，直至成为主流。

最后，需要提醒的是，开源软件虽然公开源代码，人们可以学习、借鉴，但是开源软件是受知识产权保护的，需要经过授权才可使用。而且，开源软件有时也要收费。所以请不要把开源软件与自由软件及免费软件混淆。

2　规模先发展，内涵后革命
——应用趋势

从"大户"到"散客"

云计算的应用首先从诸如政府部门、大企业等大户开始，因为他们资金充沛，人才济济。每逢一种新技术的到来，这些大户总是趋之若鹜，争喝"头啖汤"。对于云计算也不例外，他们不

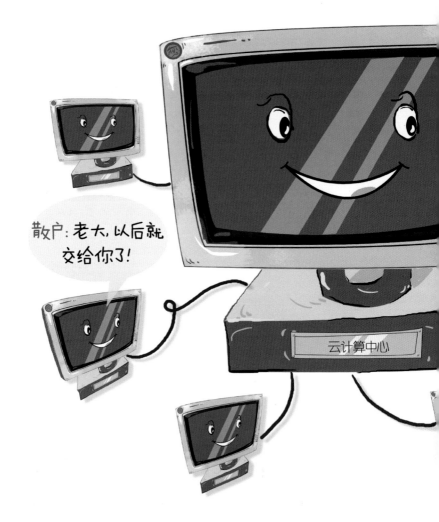

惜重本，一掷千金建设自己的私有云。目前，我国上空已飘起不少私有云，可谓白云朵朵，蔚为大观。但真正能化云为雨取得效益的，实属不多。

从云计算的技术特性和商业特性来看，云计算的最大用户和最大受益者，应该是中、小、微型企业等散客。因为他们缺乏资

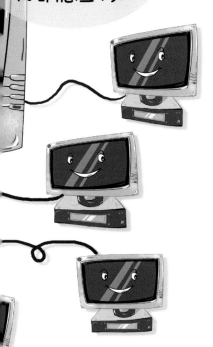

云计算中心：没事，我都能应付！

金和技术人员，不可能建立自己的技术一流的信息系统，更不可能建立自己的云计算中心。

即使个别企业咬紧牙关，勒紧裤带建立起来了，但日后无休止的维护、升级必定使他们头痛不已，难以招架。

现在，云计算可以通过公共云平台，将最先进的信息技术作为一种服务提供给所有散客。让这些散客不需要前期投入（如招聘人才、购买设备、建设信息化系统等），也不需要后期维护（如功能扩展、设备更新、软件升级等），只需付很少的服务费用，就可使自己的企业插上信息化的翅膀，与其他企业处于同一起跑线上。

如此好事，谁个不动心！可以预料，只要云计算的服务真正完善、有效、到位，散客们也一定会像大户们一样，欣喜若狂、蜂拥而至。本书开卷率先介绍的那家微型软件企业及其用户，就是成功应用云计算的散户。

云计算的应用从大户开始，逐渐发展到广大的散客，形成一定的应用规模，这是云计算应用发展的必然趋势，也是云计算走向成熟的标志。当然，大户也会逐步走出私有云，迈向混合云或"云＋端"模式。

从"超市"到"电厂"

恐怕无人未去过超市，也恐怕无人未使用过电。两者有什么差别呢？连小孩都能说明白的，最简单直觉的差别就是，用电比超市购物方便多了！电力是电厂供给的，只要接通电网，无论何时何地，开关一开，即可使用。如果用电也像超市购物那样繁琐，人们的生活真的不知怎么过！

超市和电厂代表着两种不同的商业模式。

在超市，商品摆放在由柜台、货架等组成的展销台上，由顾客自由选择、购买。这是一种纯商业的销售模式。而电厂把电力送到千家万户，消费者可以"即需即用，按需使用，依量计费"，非常便捷。电厂与消费者之间虽然也包含着买卖成分，但更多是公用事业的服务性质。在云计算中，信息资源的供应和消费，同样存在这两种模式。

云计算目前的现状是，云计算供应商投资建立一个云平台。该平台计算资源丰富、服务品种齐全。消费者（用户）可以根据自己的实际需要，对平台上的"商品"进行选择、使用或租赁。费用一般按所选择的"商品"的数量、性能、功能、规模等进行计算。这个云平台，不是很像超市中的商品展销台吗？因此，云计算的这种商业模式，被形象地称之为"超市模式"。

"超市模式"比自行开发、自建系统、自己使用的"三自"

模式前进了一大步。节省时间、维护无忧就不说了，经济上也更划算。而且，"超市模式"适用于私有云、公有云和混合云，适应性较好。但是，"超市模式"是传统"应用服务提供商（ASP）"模式的延伸和优化，概念上没有什么突破。在"超市模式"中供应商的信誉十分重要，弄得不好，有可能用户会被锁定，甚至被忽悠。当前市面上销售的云计算产品都是属于"超市模式"的产品。当前已建立的云计算中心，都是以"超市模式"运作。

在相当长的一段时间里，云计算的"超市模式"仍将继续完善和应用。"电厂模式"则是今后的发展方向。在"电厂模式"下，云计算将发生脱胎换骨的变化，将以全新的面貌呈现于世。

"电厂模式"下的云计算将会发生什么变化呢？最根本的有3条：

其一，云计算将从技术商业性质转变为公用事业性质。所强调的是为公众服务，为全社会服务。

其二，云计算中心将从技术商业机构转变为公用事业机构。云计算中心将由实力强、信誉高、资金雄厚的大型企业掌管。这种大型企业，有政府支持，受公用事业法律、法规和相关标准约束，公信力高，值得消费者（用户）信赖。

其三，信息资源及计算资源将成为像电力那样的公用资源。人们使用它们就像使用电力那样方便、快捷：即需即用，按需使用，依量计费。

这是多么理想、多么诱人的境界！难怪有人把云计算称为信息技术领域的又一场革命。这是云计算内涵的革命，而革命的引擎正是商业模式的变革。